小户型大空间

打造小而美的家

李文君　编著

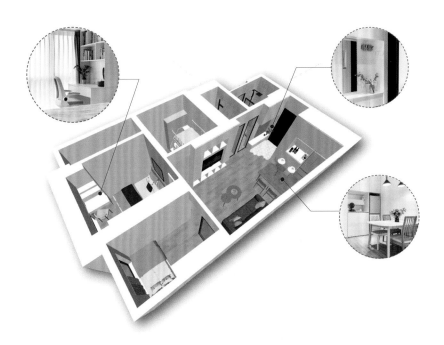

江苏凤凰科学技术出版社·南京

图书在版编目（CIP）数据

小户型大空间　打造小而美的家 / 李文君编著. ——
南京 ：江苏凤凰科学技术出版社，2024.2
ISBN 978-7-5713-3911-1

Ⅰ. ①小… Ⅱ. ①李… Ⅲ. ①住宅－室内装饰设计
Ⅳ. ①TU241

中国国家版本馆CIP数据核字(2024)第000684号

小户型大空间　打造小而美的家

编　　　著	李文君
项 目 策 划	杜玉华
责 任 编 辑	赵　研　刘屹立
特 约 编 辑	杜玉华

出 版 发 行	江苏凤凰科学技术出版社
出版社地址	南京市湖南路1号A楼，邮编：210009
出版社网址	http：//www.pspress.cn
总 经 销	天津凤凰空间文化传媒有限公司
总经销网址	http：//www.ifengspace.cn
印　　　刷	北京博海升彩色印刷有限公司

开　　　本	710 mm×1 000 mm　1 / 16
印　　　张	10
字　　　数	180 000
版　　　次	2024年2月第1版
印　　　次	2024年2月第1次印刷

标 准 书 号	ISBN 978-7-5713-3911-1
定　　　价	59.80元

图书如有印装质量问题，可随时向销售部调换（电话：022-87893668）。

前言

  家是容器，用来安放我们的身体和灵魂。不受户型和面积限制，大胆地创造属于自己的家，按照自己喜欢的方式生活，是我最想告诉亲爱的读者朋友们的。算起来，今年是我步入室内设计领域的第六年，资历尚不够深，能够以这样的方式和大家见面，实属荣幸也感到忐忑。非科班出身，因为在深圳经历了几次搬家，每次搬家都按自己喜欢的方式装饰一下，到后面慢慢有了经验，从软装设计做起，再到室内全案，这个过程因为在深圳这个充满机遇的城市，所以让很多不可能变成了可能。

  家的设计是技术和艺术的结合，要优先考虑室内尺度、功能布局、收纳动线等，然后才是美感的平衡，以及如何在预算范围内去实现，这是理工科出身的我本着"实用主义"的理解。本书介绍的 12 个案例，是这几年我做的诸多案例里小户型的代表，不拘泥于风格，在满足客户喜好的基础上加入自己的审美和生活哲学。经常被朋友们问起做室内设计的心得，我都会哈哈笑着说"我比较懂生活吧"。从打开家门的那一刻开始，如何在家度过美妙又舒适的时光，是我很乐意去琢磨的。

  在大城市里，很多年轻人的第一个家通常都比较小，但是无论多小，都请不要放弃美好生活的期望，希望本书能给你一些启发。

  最后，在这里由衷感谢我事业的最大支持者——我的先生边旭，感谢帮助完成这些案例的同事们以及合作伙伴们，还有本书的策划编辑杜玉华老师。

李文君

2023 年冬

目录

第1章
12个小户型装修改造案例

第 2 章
适合小户型的风格要素及打造技巧

第 3 章
有儿童的小户型设计要点

第 **1** 章

12 个小户型
装修改造案例

这是 12 个真实装修改造案例，分享这些案例给大家，希望大家能学到一些关于小户型的设计方法和技巧。哪怕房子很小，也不能够阻挡我们对美好生活的向往。

Echo 的家：
48 m² 拥有贵妃浴缸和
独立衣帽间

使用面积：48 m²

项目地点：深圳市宝安区

居住人：夫妻二人和一个小婴儿

装修费用：25 万元

改造重点：弧形卫生间和阳台的充分利用

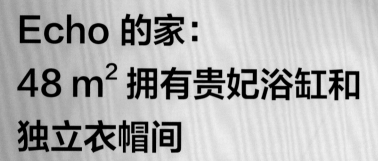

客厅中只有沙发

　　客厅中除了沙发，什么家具、家电都没有，连常规的茶几、电视机都没有。这主要是因为宝宝才几个月大，在未来几年需要比较大的自由活动空间。Echo 和丈夫平时也不看电视，所以客厅只预留了插座，以备将来安装投影仪。事实上没有茶几、电视机的客厅也很好，一家人坐在一起更注重彼此的交流。深色的地板显得沉稳，客厅灯选择了草帽灯，线条感强，让空间更加灵动。客厅连着开放式厨房和餐厅，餐厅地面做了抬高，主要是因为封起来的阳台部分有反梁。全屋没有做到地面无高差，稍有遗憾。

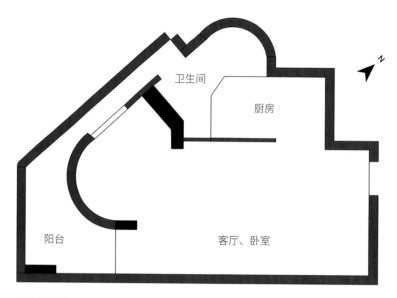

原始户型图

改造后户型图

备注：由于小户型朝向复杂，指北针仅指示大概方向，仅供参考。

这是室内设计师 Echo 自己的房子。和很多来深圳打拼的人一样，奋斗了几年后，面对高昂的房价，Echo 只能选择买个小户型。通常人们在看房的时候就要考虑空间好不好利用、通风采光怎么样，Echo 看到户型图的第一时间就想好了怎么改造，实地看房后就签订了购房协议。

这套房子属于端头户型，西北两面采光，临立交桥，前面没有高的建筑物遮挡，通风也还可以，有赠送的约 9 m² 的异型阳台。缺点也很明显——噪声比较大。

这个房子的原始格局是一室一厅，卫生间拥有弧形大落地窗。得益于阳台的赠送面积，这个建筑面积 54 m² 的房子封起阳台后，使用面积接近 50 m²。

因为平时只有 3 个人居住，Echo 在家工作居多，同时还要照顾宝宝，所以房子中能开放的空间全部开放。设计了客厅、餐厅、厨房一体化的空间，次卧也没有安门，只有主卧、衣帽间和卫生间是有门的。弧形景观窗的位置放置了 Echo 心心念念想要的猫脚浴缸。全屋窗户都用了三层中空夹胶隔声玻璃，室内安装了中央空调和新风系统，解决了噪声问题和临马路的灰尘问题。新风系统也解决了炎热的夏天开空调时无法通风的问题，良好的通风也杜绝了甲醛聚集带来的健康隐患，毕竟小宝宝入住时才几个月大。

历经 3 个多月的装修，房子基本达成了 Echo 理想中的样子：风格上是轻法风，具体体现在黑白格子砖、贵妃浴缸、百叶帘、复古水龙头等元素上。

房子虽小，但也要营造优雅体面的生活氛围。对于 Echo 来说，每个天气晴朗的傍晚都能看到夕阳和晚霞，是住在大城市小公寓里得到的最大慰藉。

玄关

打造 2 m 长的过道，拥有超强储物功能

❶ 玄关走廊美观实用

原本开放的玄关区打造了一条走廊，进门一侧是鞋柜，另一侧是全身镜、换鞋凳和储物柜。这样的设计也保证了私密性，不至于一进门就能看到全屋。玄关区和客厅地面使用不同材质的铺装，很好地辅助了分区。大门是 AB 面的款式，外面是黑色的，里面是白色的。

❷ 玄关台面营造入户仪式感

玄关右侧做了一个台面，放上鲜花和主人最喜欢的几瓶香水，营造一进门的仪式感。常用的包包、帽子等物品也可以放在这里。

❸ 次卧室内窗兼具装饰性和实用性

由于过道比较长，足有 2 m 多，特意增设了装饰性强的拱形窗，避免了走廊空间的呆板和无趣，也给没有窗户的次卧造了一扇室内窗。左侧的高柜里收纳了吸尘器、蒸汽拖把等物品。

❹ 换鞋凳和储物柜下方都留了放鞋的空间

鞋柜离地 15 cm，换下来的鞋可以放到下面，玄关区不会显得凌乱。换鞋凳也是一个大抽屉，椭圆的全身镜是和柜子一起定制的。

客厅

开放性空间给幼儿最大的活动场地

❶ 客厅沙发对面是通往两个房间的门

客厅沙发对面的墙上有两扇门，左边的门通往衣帽间，右边是主卧门。对于小空间而言，如果用普通的80 cm 宽的标准门，通常门后的空间就会浪费掉。但这里也无法使用推拉门。最后选定了这种双开门，造型比较复古，有对称美，可开可合的百叶也有助于衣帽间通风透气，当然最大的好处是节省空间。

❷ 开放的儿童房和客厅连在一起

儿童房现在是开放式的，和客厅相连，预留了安装折叠门的位置。这样的设计可以给 2 岁以下的小朋友更大的活动空间。

厨房

**根据空间选择物品尺寸，
打造省心省力厨房**

餐厨一体的空间

　　一字形的橱柜非常节省空间，虽然只有 3 m 多长，却非常好用。动线比较合理，洗—切—炒，不用来回跑。洗菜池和灶台两侧都有地方可以放东西。75 cm 长的集成灶节省了宝贵的台面空间。开放式厨房用集成灶便不用担心油烟问题，亲测炒辣椒也闻不到辣味。洗菜盆选了比较深的大单盆，小厨房不建议用双盆。洗菜盆下方安装了垃圾处理器和净水器。旁边是 13 套洗碗机，以后洗碗不再是个问题，家人都很开心。上柜安装了两个下拉篮，拿东西不用踩凳子，提高了效率。

餐厅

巧妙利用异型空间
打造多功能餐厅

❶ 餐厅一角,优雅如画

窗户全部采用三层断桥铝隔声玻璃,把原来 70 分贝的噪声降到了 40 分贝以下。朝西的餐厅有一定的西晒问题,Echo 买了隔热膜请专人铺贴,实木百叶窗帘也有一定的阻隔光线的作用。

❷ 餐厅一角集多种功能于一体

在餐厅的拐角安了壁挂系统,颜值很高,也非常实用,集家庭工作台、书架、咖啡茶水台、展示架于一体。

❸ 圆形餐桌在异型空间内没有违和感

橱柜后面是更省空间的圆形餐桌,餐桌也可以作为厨房操作台的补充,主人做家务时一转身就可以放东西。目前家里有 3 个人,所以只摆了平时用的椅子:宝宝椅、男主人的黑色温莎椅、Echo 的白色 Thont 椅子。客人来了可以用折叠凳。餐厅灯具的颜色选了明亮的芥末黄色。

卫生间

原厨房改成卫生间，
干湿分离，
拥有超强储物功能

卫生间做了基本的干湿分离设计

　　卫生间不到 3 m²，淋浴房的设计保证了基本的干湿分离。由于这个空间原本是厨房，没有地漏，所以下水只能走墙排，不过壁挂坐便器本来也在 Echo 的计划内，洗手台也是壁挂的，方便打扫卫生。洗手台上方安装了加长的镜柜，储物功能强大，特意设置的 3 个开放式格子方便随手取放东西。

衣帽间

洗衣、烘干、收纳一体化
操作，小衣帽间高效方便

衣帽间、洗衣间合为一体

　　这个空间并不规则，定制衣橱最大化地利用了空间。洗烘一体机原本计划放在橱柜下面，但那里放了洗碗机，于是改到衣帽间，实际使用时非常方便，换下来的衣服随手丢进洗衣机清洗，烘干了可以直接挂起来，动线非常短。衣帽间虽然小，但 U 形的设计极大地提高了生活效率，非常方便。

儿童房

开放式儿童房简单舒适，预留了成长空间

将次卧设置为儿童房

　　对于 2 岁以下的儿童而言，儿童房主要考虑这几件东西：尿布台（减少大人弯腰护理的时间，实在是必需品，也避免了在床上换尿布把床弄脏的情况）、婴儿床、哺乳沙发（对于母乳喂养的妈妈来说，一个舒适的单人沙发很有必要。Echo 入手这款可以转动的沙发也是花心思的，哄睡的时候可以坐着转动椅子，帮助婴儿更快入睡）。考虑到对宝宝视力的影响，这里选择了散光柔和的吊灯。儿童房布置比较简单，方便以后根据孩子不同年龄阶段的需求进行调整。

主卧

卧室内放置浴缸，
生活的品质感加倍

❶ 弧形阳台的巧妙利用

弧形大落地窗前放了猫脚浴缸，很好地利用了空间，也让泡澡的时候有了更开阔的视野。

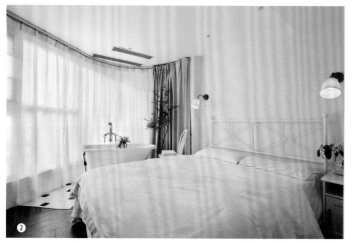

❷ 不规则空间改造成的主卧

全屋装了中央空调和新风系统，主卧吊了大平顶。点光源设计满足夜间的照明需求，增加氛围感，床头壁灯方便睡前阅读。

❸ 主卧地面做了分区

浴缸区和放床区的地面用不同材质铺装，同时对空间进行了分区。浴缸区铺了和卫生间一样的黑白格子砖，方便清洁。

设计师的装修建议

（1）明亮的采光会让空间看起来大很多，挑选房子时尽量避开采光差、承重墙太多的户型。

（2）可以把更多的面积让给公共空间，如果强行让每个房间都局限在小格子里，那么空间只会更拥挤。

（3）白色元素、镜子、顶天立地柜、石膏板吊平顶等，都能使空间看起来更宽敞。

（4）不要吝啬把合适的面积给到玄关，收纳功能强大、动线合理的玄关让家从一进门就有干净清爽感。有条件的话尽量做双面玄关，一面为鞋柜，一面为换鞋凳，取鞋、换鞋动线合理。

（5）不喜欢黑色大门的可以选择 AB 双面门，外面为黑色，里面为白色，和室内的风格更好搭。

（6）家政高柜里记得预留插座，用完的电器放回柜子里可以直接充电。

（7）对于有孩子的小户型而言，传统大茶几是最不实用的存在，可以用小边几、小推车代替，方便移动。

（8）双开门在大空间可以用，在小空间同样适用。

（9）集成灶是开放式厨房的福音，厨房抽屉、下拉篮这些工具原则上多多益善，可以减少弯腰和爬高的工作。

（10）对于不喜欢倒垃圾的人来说，垃圾处理器值得入手。

（11）临街噪声大的房子，窗户隔声要做好，双层或者三层中空夹胶玻璃可以大大提升生活幸福感。

（12）有西晒的房子可以考虑贴隔热膜，以及安装百叶窗，物理隔热能节省夏天的空调电费，也更环保。

（13）壁挂坐便器可以减少卫生间清洁死角，使用入墙式洗手台也是同样的道理。

（14）全屋的插座设计一定要在做水电之前就想好，家里的家电最好列个清单，放在哪里也要提前规划好。

02

娇娇的家：
50 m²LOFT，
拥有豪华四分离卫浴

使用面积：50 m²

项目地点：深圳市宝安区

居住人：夫妻二人

装修费用：20 万元

改造重点：解决厨卫太小的问题

餐厅和客厅合为一体，空间宽敞

    站在角落看过去，感觉客厅很大。岛台和餐桌没有做连在一起的设计，是为了方便以后移动调整，小空间尽量设计得灵活一点。1.2 m 长的小岛台虽然不大，但是平时用来在客厅喝水、洗水果、调饮品非常方便。转身就是冰箱，这款冰箱带自动制冰功能，女主人超级推荐。沙发随时可以移动位置，客厅没有装电视机，可以在大白墙上投影。

原始户型图

二层   一层

改造后平面布局图

二层   一层

娇娇和丈夫两人都从事平面设计工作，都很喜欢复式的户型。这套复式小房子所处的地段交通便利、生活方便，离他们上班的地方只有20多分钟车程。

复式户型的优势很明显，两层的结构使得二层卧室的私密性良好，价格也合适。这套房子最大的硬伤是厨房太小，做了橱柜之后，过道只有50cm宽，并且有根很低的梁，梁距离地面只有2.1m，更显压抑。卫生间虽然基本满足了干湿分离的标准，但娇娇更喜欢日式的卫生间——有小浴缸，洗烘套装也在一起。娇娇还有两只收养多年的猫，装修要考虑猫咪的需求，比如猫砂盆、猫咪烘干机的放置地点和猫粮、猫砂的存放空间。她很喜欢囤货，同时也是个收纳狂魔，东西再多也希望能安排得明明白白。娇娇的先生喜欢下厨，使用厨房的次数更多，更关注厨房的功能性。

娇娇和她的先生是我遇到的最勤奋的客户了，装修预算列得清清楚楚，从动工到软装布置结束，花费始终没有超过最初的装修预算。原本阳台处计划定制榻榻米，但考虑到榻榻米的储物功能并不好用，于是设计师建议用砖砌地台，然后铺木地板，不但节省预算，成品效果也不错。楼梯下方的空间保留了原来的结构，请施工方刷白漆翻新，并

开了个可供猫咪出入的圆洞。厨房和卫生间瓷砖使用的美缝剂是娇娇在网上购买的，利用周末的时间自己做了勾缝，客厅里的平衡挂件也是娇娇自己动手做的。

娇娇和丈夫对装修完的家很满意，周末经常请朋友来家里小聚。最让朋友们惊讶的是，他们家每扇柜门打开后，里面的物品都摆放得整整齐齐，可以说是教科书级的收纳模板。娇娇的先生也更喜欢下厨了，每天早晚都在家里用餐，并且做好第二天中午的盒饭。有一种幸福是一屋、两人、三餐、四季，说的就是他们吧。

改造前，卫生间和厨房都非常小。厨房只有一条窄窄的过道，中间有根比较低的横梁，还有好几根下水管。一层卧室的阳台没利用好，面积不小，但堆了很多杂物，有点浪费。

我们把厨房和卫生间之间的隔墙打掉，做了一个四分离的卫浴，满足了女主人想有个浴缸的愿望。原来的阳台被封闭起来改成了中厨。将客厅和次卧之间的隔墙打掉，做了一个大开间，设了中岛和整墙的餐边柜。玄关区增设了隔断柜，私密性更好，也增强了玄关的收纳能力。原来次卧的阳台改成了榻榻米，客人或者父母偶尔来住可以临时睡觉用。

小角落也要用心布置

局部特写，平衡挂件在射灯的照射下光影感很强。

玄关

定制玄关柜，加强储物功能的同时起到隔断作用

❶ 楼梯下空间的充分运用

楼梯下的角落保留了原有的楼梯结构，对楼梯做了翻新，新做了踏步木饰面和玻璃护栏。请木工在楼梯下的空间开了一个圆洞，里面放了猫砂盆。

❷ 定制玄关柜的功能齐全

进门左侧放了超薄翻斗鞋柜，利用墙角的空间增加鞋子的收纳量。顶天立地的玄关柜可以增加储物空间，囤的猫粮、猫砂可以放在这里。这里也可以作为进门处的隔断，遮挡一下进门的视线。为了避免全屋都是白墙的单调，设计师在玄关的两面墙上用了暖木棕色，矮柜上的镜子增加了空间的层次感。

客厅

**只有沙发的客厅简洁温馨，
定制衣柜满足收纳所需**

❶ 整面墙的柜子收纳功能强大

　　这是从岛台看过去的客厅，右侧一整面大衣柜满足了两人日常的储物需求，没有太多的家具，空间显得干净、空旷。

❷ 榻榻米角落可做临时客房使用

　　榻榻米角落只在外侧的部分做了抽屉收纳，里面是由砖和陶粒砌起来的，节省预算。这里包了一根管道，做了电动窗帘盒，避免每次拉窗帘都要上台阶。

❸ 美观又实用的岛台

　　1.2 m 长的小岛台只安装了一个小圆盆，节省空间又好用。

❹ 餐边柜的收纳功能强大

　　整墙的餐边柜收纳功能强大，开放格里可放置咖啡机、微波炉之类的小家电。客厅装了风管机，设计师将其强烈推荐给对美观有追求又想节省预算的朋友。

卧室

简单而有品质的卧室，是安心栖息的港湾

卧室不是主要活动空间，布置得比较简单，但品质感满满

二层卧室空间比较小，放下一张床后只留了一条过道。平时在楼下休闲活动，楼上只用来睡觉。

卫生间

四分离卫生间，人猫共用互不干扰

四分离的卫生间使用起来很方便

卫生间是此次设计里最令人满意的。大洗漱台长 1.4 m，右侧台下放了猫咪烘干机，给猫在洗脸池里洗完澡后再将其放到烘干机里烘干，十分方便。洗手台上面的镜子一部分是镜柜，一部分是贴在烟道上的银镜。淋浴房和浴缸结合，满足淋浴和泡澡的需求。右侧的柜体里包了管道，集合了放置洗衣机、烘干机，以及收纳清洁用品的功能。淋浴间隔断没有做挡水条，定制了一个长条形地漏，让地面没有高差，也不会让水流到外面。壁挂坐便器对于增加收纳空间帮助很大，也减少了清洁死角。

厨房

合理布局后的厨房
狭小但不凌乱

刷了防水漆的厨房，亚光质感很显高级

　　厨房只在橱柜中空位置贴了瓷砖，其他地方都刷了防水漆，漆的亚光质感是瓷砖所没有的，刷漆也节省了人工成本。原有的下水管用柜板包起来，以免显得凌乱。

设计师的装修建议

　　（1）门后空间狭窄的户型可以考虑安装超薄鞋柜，墙角空间也能利用起来。

　　（2）喜欢囤货的家庭，尽量将玄关柜容量做大一些，拆完快递后，物品可直接放在玄关柜。

　　（3）楼梯下方的空间除了做储物柜，也适合做成宠物之家。

　　（4）喜欢聚会的家庭建议在客餐厅增加岛台，喝水、调制饮品、洗水果都很方便。

　　（5）既追求美观又想节省预算的家庭可以考虑在客厅使用风管机，在卧室使用传统壁挂空调。

　　（6）对收纳需求不高的地台可以不用定制柜，直接用砖砌，再铺上木地板即可。

　　（7）厨房里的下水管道用柜板包起来比砌砖更省空间，也方便检修。

　　（8）油烟不大的厨房墙面使用防水漆比贴满瓷砖效果更好，也节省预算。

　　（9）淋浴房做平开门，可以用定制长条形地漏代替传统大理石挡水条，既美观又容易打扫。

莉莉的家：
75 m² 两室，拥有浴缸和衣帽间

使用面积：75 m²

项目地点：深圳市南山区

居住人：夫妻二人

装修费用：35 万元

改造重点：在传统格局里放置独立衣帽间和浴缸

居室一角舒适无比

想要打造家中最好看的角落，没有什么比整墙的书更具装饰性了。以壁炉为中心的布局搭配舒适的沙发，让人回到家就想窝在沙发里看书。单人沙发选择的是美国老品牌乐至宝（Lazyboy），熟悉《老友记》的朋友或许对这个品牌印象深刻，使用起来非常舒适，可以展开让人躺卧。

N

厨房

卫生间

次卧

餐厅

主卫

玄关

客厅

主卧

阳台

原始户型图

厨房

卫生间

次卧

餐厅

玄关

衣帽间

浴缸

客厅

主卧

阳台

改造后户型图

这是女主人莉莉和丈夫的第一个家，他们都从事 IT 行业，平时工作很忙，经常加班，很少做饭。莉莉喜欢复古风格，审美也极好，在设计过程中，我们一拍即合，沟通非常顺利。莉莉和很多女性一样，梦想着拥有独立衣帽间和浴缸，想要有壁炉围合的客厅，最好还能有冥想的空间，我们在设计中都满足了她的愿望。莉莉表示，遇到一位有经验且审美好的设计师真是太好了。我想说的是，遇到一位好沟通、信任设计师的客户也很幸运。

这套房子的预计使用年限是 5 年左右，所以夫妻俩希望轻硬装、重软装，搬家时可以把软装部分都搬走。

硬装基本完工后，莉莉亲自去佛山选购软装用品，沙发和床等大件都是在佛山购买的。软装在装修预算里占的比例比较大，品质好、耐用的家具可以陪伴主人很长时间。

我们在玄关靠窗一侧设计了一整排储物柜，以增加玄关的收纳空间，也放置了全身镜、换鞋凳和挂衣架。稍微缩小了主卧和次卧的面积，隔出来一个独立衣帽间和一个浴缸区。打通了厨房和客厅，将餐桌放在厨房，餐厨一体很方便。客厅打破了传统的布局，以壁炉为中心，搭配三人沙发和单人沙发，更适合家人聊天和阅读。壁炉对面放了大长桌，满足两人居家办公的需求，桌子旁边放置了书柜，其上摆放着黑胶唱片机。主卧简简单单，只用来睡觉；次卧空空的，适合做瑜伽和冥想。

玄关

复古氛围拉满，
收纳功能强大

复古花砖和藤编家具搭配起来非常和谐

　　玄关地面用了花砖，一进门就能感受到复古氛围，同时也和客厅的木地板做了分区。鞋柜、全身镜和换鞋凳的材质都以藤为主。

客厅

温馨的颜色和材质让客厅
舒适而有品质

❶ 沙发、绿植、壁炉围成一个温馨小角落

　　藤编小推车是迷你版的"家庭酒吧"，晚上回到家，喝杯小酒，可卸下一天的疲惫。

❷ 吊扇灯、唱片机、书架……客厅氛围轻松优雅

吊扇灯在夏天很好用，南北通透的户型，打开窗就有自然风对流，莉莉更喜欢自然风。书桌是木墨品牌的，旁边的矮书柜台面上摆放了黑胶唱片机，墙上的搁板放置了九宫格的黑胶唱片。

❸ 客厅、餐厅、厨房连为一体，空间感很大

这是从阳台看过去的厨房和餐桌。厨房的窗户做成了折叠百叶窗，透光而且私密性好，装饰性也很强。

❹ 书和唱片营造出温馨氛围

回到家中就被喜欢的书和唱片围绕，业主一定感到很满足吧。

厨房

高颜值的厨房让做饭、就餐也有好心情

❶❷ 简洁的厨房配色温馨

莉莉工作很忙，很少做饭，但她对厨房颜值要求很高，所以选了隐形升降分体集成灶。使用的时候，吸油烟机会自动升起来，很好地解决了开放式厨房的油烟问题。

❸❹ 餐桌、餐椅的搭配显示了女主人独特的品位

餐桌来自二黑木作品牌，每一把餐椅都是女主人精挑细选的，具有欧洲建筑装饰靠背的餐椅体现了她的独特品位。

主卧

东南亚风格的休憩空间
让人彻底放松

❶ 家具处处体现出东南亚风格

　　女主人喜欢东南亚风格，家具以藤和实木材质为主，窗帘也选了实木的百叶帘，暗色调容易让人放松。

❷ 梳妆台代替了床头柜，实用方便

　　空间较小的卧室可考虑用小型梳妆台代替床头柜。

❸ 抽屉柜和脏衣篮让生活变得简单、方便

　　床尾处放了抽屉柜和脏衣篮，非常实用。茂密的绿植能让平时忙于工作的女主人感受到一丝度假的氛围。

衣帽间

洗、烘、收一体的衣帽间里侧还藏着一个浴缸

衣帽间虽小，却功能强大

　　将原来主卧和次卧的空间缩小了一点，隔出来一个独立衣帽间和一个浴缸区。小小的衣帽间储物功能强大，开放式的设计对衣服很多的女士来说非常方便，免去了翻箱倒柜找衣服的烦恼。浴缸区不大，但很精致，根据空间需求，我们选择了嵌入式浴缸，使用的是幻彩小白砖，其在光影下的效果很迷人。

次卧

翻板床可开可合，一个空间多种用途

❶❷ 翻板床让小空间变化灵活

　　次卧装了翻板床，释放了空间。没人入住时，这里可以作为活动房或者瑜伽房，还有柜子用于存放衣物。偶尔使用的客房功能、灵活的空间变化，这对小户型来说非常友好。

卫生间

**入墙水龙头和一体盆
清洁起来更方便**

❶❷ 面积不大的卫生间也做了三分离

女主人希望卫浴空间以海蓝色为主，于是我们在淋浴间贴了蓝色的瓷砖，在其他区域贴了白色复古条形砖。入墙水龙头和壁挂岩板一体盆让卫生间显得干净、整洁。

设计师的装修建议

（1）喜欢复古风格和自然风格但不喜欢总吹空调的人，可以考虑在客厅安装吊扇灯，夏天用起来很舒服。

（2）需要经常在家工作的人，可以把书桌放在客厅，以增加与家人的互动。

（3）接近方形的餐厨空间更适合摆放小圆桌。

（4）可以在卧室床尾放抽屉柜收纳小东西，同时补充置物台面，非常实用。

（5）如果放不下大的梳妆台，可以把一个床头柜换成梳妆台。

（6）如果浴缸和衣帽间对你来说优先级很高，那么就将其纳入装修规则，不要管别人怎么说。

（7）对于不常用的次卧，推荐使用翻板床，平时藏在柜子里，用时才放下来，大大释放了空间。买靠谱的五金件才不用担心后期出现质量问题。

（8）小空间更适合使用嵌入式浴缸，减少清洁死角。浴缸表面除了贴大理石也可以贴瓷砖，更省成本。

（9）洗衣机、烘干机放在衣帽间不用担心水汽问题，好的洗衣机和烘干机都可以做到完全密封，将烘干的衣服直接挂起来也节省了做家务的时间。

Kelvin 的家：
51 m² 两室，中西分厨，
"鸡肋" 地台巧妙利用

使用面积：51 m²

项目地点：深圳市罗湖区

居住人：夫妻二人

装修费用：30 万元

改造重点：3 个空间地台的改造

卫生间墙内移，留出玄关柜空间

　　入门左侧的通顶鞋柜满足了对日常穿的鞋子和出门物品的收纳需求，鞋柜里的高柜把扫帚和吸尘器藏了起来，鞋柜下面留有插座，可以收纳扫地机器人。右侧的镜柜把配电箱包了起来，大镜子既方便了主人出门前整理仪表，又增大了空间感。

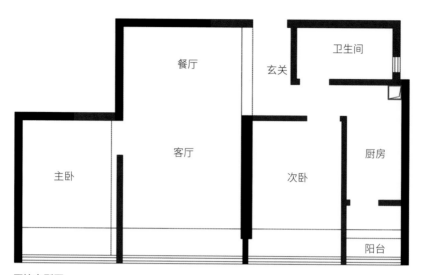

N

原始户型图

改造后户型图

本案男主人 Kelvin 是一家公司的销售经理，比较注重生活品质，爱干净、宅家，平时喜欢喝咖啡。女主人 Chloe 是一家公司的人事主管，同样注重生活品质，不爱整理家务，但爱做饭。小两口想要一个北欧风格的家，采用极简莫兰迪配色和纯白色调。

本案的设计难点在于两个卧室和客厅都有贯穿全屋的高 20 cm、宽 70 cm 的地台。我们的设计主要是利用好这几个地台，让各个功能区间都相对独立，同时具有强大的收纳功能。客户对我们的设计很满意，装修后经常邀请朋友来家里品尝咖啡和烹饪美食。整个家居的设计与装修还受到了同户型邻居的高度赞扬，其装修方案几乎照搬了我们的设计。

原始结构中没有玄关，卫生间窄长且没有做干湿分离，厨房太小导致冰箱没地方放，主卧房门在客厅正中位置，导致客厅的电视背景墙尺寸太小，主卧的私密性很差，地台不利于空间规划。

我们对户型做了如下改进：

（1）将卫生间的一面墙内移，实现了玄关独立，入户门左侧放了一个宽 1.5 m 的通顶大鞋柜；

（2）厨房和次卧之间的墙拆了一部分，改成 L 形墙，嵌入了冰箱和电器高柜；

（3）将原来的主卧门封起来，改成从客厅靠窗一侧进入主卧，结合地台做了推拉门，主卧变成了一个极具私密性的空间，主卧地面全部抬高，方便空间布局和利用；

（4）将电视背景墙与餐边柜结合，收纳功能强大，动线合理；

（5）将卫生间进行干湿分离；

（6）次卧地台包在榻榻米下面，此处变成可以休息和收纳的床；

（7）全屋采用无主灯设计，减少了 2.6 m 的层高带来的压抑感。

客厅

**配色干净、清爽，
电视柜后暗藏玄机**

❶ 莫兰迪配色温暖人心

　　墙面刷了蓝色的漆，整个空间看起来十分干净整洁，给人一种清爽感。

❷ 客厅是设计重点，多个巧思都用在了这里

　　因为两位业主都有洁癖，所以利用地台的高差把地台改成了通往主卧的路，把主卧隐藏起来，也避免把外面的灰尘带入卧室。超大的落地窗被完整保留下来，客厅地台也成了他们下午休闲、喝茶的地方。客厅没有主灯，因为层高比较低，只有2.6m，所以采用了明装射灯，窗帘盒里暗藏了灯带。主卧门改了位置之后，主卧的私密性更好了。靠窗一侧的电视柜后面和墙之间设计了夹缝，用来隐藏卧室的推拉门，使得推拉门不占主卧内部的空间。

餐厅

一体化设计的柜子
让空间更有整体感

❶❷ 水吧台承担了部分厨房功能

　　餐边柜也相当于一个水吧台，预留了小冰箱的位置，还有洗手池、管线机。可以在这里冲咖啡、泡茶、洗杯子，早餐也可以在这里解决。

❸ 可拉伸的餐桌是小户型的福音

　　电视背景墙与餐边柜合为一体，餐桌紧邻餐边柜，让桌面看起来更整洁。长1.5 m 的餐桌平时有30 cm 收在餐边柜里面，朋友来的时候再抽出来，可坐下更多的人。

主卧

**合理的配色和灯光
让小空间充满温馨感**

❶ 不对称设计别出心裁

床的一侧是与衣柜连在一起的梳妆台，另一侧是床头柜，不对称的设计实用、美观。

❷ 合理的灯光设计让小空间富有层次感

抬高了主卧地面之后，消除了地台造成的高差，主卧变得像普通房间一样好规划，衣柜也得以大了很多。主卧床头背景刷成了和客厅一样的蓝色，让睡觉的氛围更安静。窗帘盒和开放格都做了灯带，灯光氛围好，层次丰富。

次卧

空间虽小，但收纳功能超强

❶ 灯光让空间层次更丰富

次卧窗户安装了电动香格里拉帘，加上窗帘盒的灯带效果也很好。

❷❸ 收纳柜和榻榻米让小空间有大收纳

次卧主要是给男主人设计的，满足男主人在家办公、打游戏的需求，同时也能作为客卧使用。定制的收纳柜可以放下业主一家的 3 个行李箱和换季被子。榻榻米很好地将原有地台隐藏，次卧变成了集休息、收纳功能于一体的空间。

卫生间

小空间也要尽量做到
干湿分离

线条和配色凸显利落感

　　卫生间利用淋浴隔断做了干湿分离，黑与白的配色显得干净利落。

厨房

合理规划，小厨房也有大功能

厨房虽然狭窄，但仍涵盖了绝大部分的厨房功能

　　厨房合理规划出了冰箱、嵌入式蒸箱和烤箱的位置，不占用原本厨房的过道。合理设计的橱柜增加了收纳空间。大单槽水槽、洗碗机被安排得明明白白，洗—切—炒的动线合理。薄柜子将烟道包了起来，还可以收纳厨房小物件，整体的白色调让厨房看起来大气简洁。

设计师的装修建议

(1) 是否因层高低而担心吊顶会觉得压抑？吊平顶，无主灯设计会让天花板显得干净、开阔。

(2) 门口的配电箱可以用镜柜包起来，既不影响配电箱的正常使用，又节省了全身镜的安装空间。

(3) 雾霾蓝的墙面在北欧风格中是一个不错的选择。

(4) 隐藏式推拉门藏在柜子里也不错。

(5) 如果厨房距离客厅较远时候，那么可以在客厅增设一个小水吧。

(6) 香格里拉帘拥有百叶帘的层次感，但比百叶帘遮光性好，也更柔软，更适合用在卧室。

(7) 榻榻米床尾的定制柜尽量不要做太高的门，因为不方便打开，可以增加部分开放格。

(8) "鸡肋"的烟道可以用薄高柜包起来，还能收纳厨房小物件，这样立面空间也能得到更好的利用。

(9) 厨房吊柜安装垂直下拉篮，方便隐藏调味瓶且保持台面整洁。

05

小昆的家：
50 m² 的房子
也可以有 10 m² 的厨房

使用面积：50 m²

项目地点：深圳市宝安区

居住人：夫妻二人

装修费用：40 万元

改造重点：厨卫太小，客厅采光差

温馨的客厅
从厨房看过去的客厅质
朴且温馨。

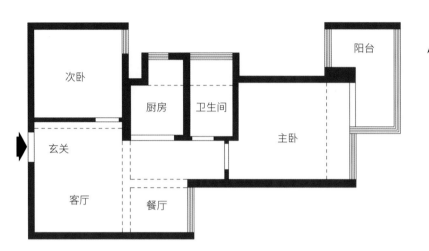

次卧

厨房 卫生间

玄关

主卧

阳台

N

客厅

餐厅

原始户型图

次卧

厨房

淋浴间

卫生间

阳台

玄关

餐厅

主卧

客厅

改造后户型图

小昆和丈夫都从事广告行业。小昆是"断舍离"重度爱好者，喜欢烹饪，她的先生喜欢中古家具。两人都有很好的审美眼光，想要一个原始自然、有温度的家。他们还有一只收养了12年的猫。父母偶尔会来小住一两个月。在家做饭的频率不高，但厨房要好用，会偶尔招待朋友。

这个房子的缺陷比较明显，厨房特别小，放不下冰箱，也无法放下洗碗机，采光比较差。

小昆是我遇到的客户里把自己的收纳数量列得最清楚的，能清晰列明需要展示的物品有哪些品类、各有几件，需要收在柜子里的物品数量也具体到个位数，不愧是"断舍离"爱好者。小昆的收纳原则是东西"进一件，出一件"，所以对家里物品的数量了如指掌。

小昆的先生比较注重细节，装修过程中的每件主材用料都要看到样品才放心。

主卧和淋浴间之间的隔墙，上半部分使用了长条玻璃高窗，既美观又能增加淋浴间的采光。厨房在同等面积里算很大了，他们

挑选的冰箱也很不错，深度只有60 cm，跟橱柜齐平，容量却不小。

装修完成后去他们家做客，惊叹于空间的干净和整洁，小家也有不输大家的生活品质。

原始户型的弊端：

（1）采光较差，只有主卧朝东有直接光源，其余窗户基本都是对着天井的；

（2）卫生间和厨房都特别小，均不足$3 m^2$，满足不了现代人对厨卫的高要求，原厨房也没有放冰箱的地方；

（3）对于偶尔有客人来住的小昆家来说，次卧空间稍显浪费。

我们几乎把原户型全部推翻了重来，将原卫生间和厨房打通，与客厅一起，合并成一个宽敞的大空间。把原主卧的一点儿面积隔出来，作为安设坐便器和洗手台的空间，淋浴间放在了门口，和卫生间完全隔开，既实现了完全的干湿分离，也保证了卧室和餐厅的功能性。次卧抬高做了一个榻榻米房。

客厅

客餐厅一体化设计
增加室内采光量

❶ 打通后的空间采光变好

　　站在门口看全屋，空间显得开阔、明亮，靠墙的一摞书很引人注目。

❷❸❹ 客厅小而温馨，环绕着书香

　　靠墙摆放的中古柜是小昆很喜欢的单品，也是客厅的"颜值担当"。茶几是挑时品牌的昆斯系列。那天早上我们过去拍照的时候，茶几上放着前一晚小昆看的书和喝剩的巴黎水，生活气息扑面而来。

厨房

高颜值厨房精准还原
设计效果

❶ 客户自拍的厨房

晨光洒进厨房，呈现出油画般的质感。

❷ 彩绘玻璃窗犹如两幅画作，为厨房增添了看点

　　整个案子效果最满意的部分当属这两扇彩绘玻璃窗和橱柜。彩绘玻璃用我们的色卡打样，精准还原了设计。橱柜的造型、每一根线条的位置都经过多遍核对，效果比较理想。

餐厅

开放的餐厨空间为室内
营造通透的感觉

将厨房的一角辟为餐厅

餐桌是二黑木作的经典款，红色的中古餐椅敦厚可爱，餐桌吊顶灯来自南灯记。餐厅虽然不大，但品质感满满，在这里度过的四季、享用的三餐一定充满幸福的味道。

主卧

**灿烂的阳光让人忽略了
横梁的压抑**

❶ 主卧没有做衣柜，空间更宽敞

卧室的采光比较好，将阳台和卧室打通连到一起，看起来空间更大。

❷ 最大化利用自然光

在靠床一侧的墙面上方，为卫生间开了一扇细长窗。在一个暗卫里加入细长窗，既可以让自然光透过来，也能很好地保护隐私。

次卧

小空间的主要作用为收纳

衣柜让空间充满和式风格

　　次卧空间简单干净，偏日式风格，衣柜门是用木框架与和纸做的。次卧地台因对储物没有要求，所以直接用砖砌好，水泥浇筑找平后直接铺设木地板，节省了预算。地台下面还藏了扫地机器人的收纳空间和夜间灯带。

阳台

阳台功能强大，
是最实用的空间

幸福树让居室充满幸福感

　　阳台局部抬高做了地台，并做了分区，洗衣机、烘干机和猫砂盆嵌入阳台柜里。地台预留了花池，种上了小昆从北京搬过来的养了 5 年的幸福树。

卫生间

干湿分离的卫浴空间

❶ 小小的淋浴间让卫浴空间实现了干湿分离

　　淋浴间只有淋浴功能，墙面、地面都用了微水泥。墙体是新砌的，比较薄，没办法做壁龛，和客户商量之后做了置物台放洗漱用品。它比收纳架的颜值高很多，让浴室墙面更有层次感，也方便清洁。

❷ 水龙头和坐便器的设置方便打扫卫生

　　大刀阔斧改了卫生间的位置后，卫生间内只保留了坐便器和洗漱台。洗漱台有近 1 m 长，小户型也能有大的洗漱台。壁挂坐便器解决了坐便器的移位问题，上方的柜子增加了卫生间的储物能力。

设计师的装修建议

　　(1) 若想让卫生间短距离移位可以考虑使用壁挂坐便器。

　　(2) 要想生活质量高，提升厨房和卫生间的功能尤其重要，在当下客厅社交属性比较弱的时代，牺牲一些客厅的空间让厨卫功能更强大是值得的。

　　(3) 不要局限于淋浴房一定要和坐便器、洗手台放在一起，设置单独的淋浴房也可行。

　　(4) 喜欢欧式教堂的彩绘玻璃窗，想要将它用在家里的话，办法是保留色彩，图案和造型尽量简洁，以便和现代家居相搭配。

　　(5) 对于采光差又想兼顾私密性的空间，开在视线以上的细长窗是不错的选择。

　　(6) 对于偏日式风格，衣柜门可以用木框架与和纸，美观的同时也节约了成本。

　　(7) 壁挂坐便器除了好打扫，还为卫生间增加了储物空间。

　　(8) 想要把热水器包在吊柜里，最好选用平衡式热水器。

　　(9) 粉刷墙面涂防水涂料的好处是可以省掉踢脚线。

06

Tino 的家:
26 m² 八大功能区，麻雀虽小，
五脏俱全

使用面积：26 m²

项目地点：深圳市宝安区

居住人：一人

装修费用：15 万元

改造重点：单身公寓实现干湿分离，要有大书桌和大衣柜

从阳台看过去，小空间显得宽敞整洁

　　客厅定制了 1.8 m 宽的大书桌和置物架，实用性很强。Tino 收藏的手办都有地方展示了。

N

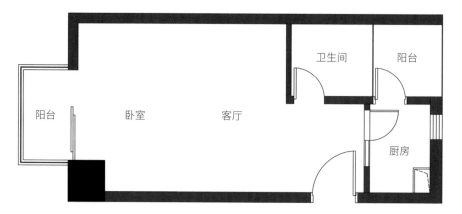

卫生间   阳台

阳台   卧室   客厅   厨房

原始户型图

卧室   卫生间   阳台

阳台   客厅   厨房

改造后户型图

Tino 是"95后"，在一家互联网公司工作，刚参加工作不久，在父母的支持下买了这套房子自住。这是一套 26 m² 的一居室，有两个阳台，一个是生活阳台，另一个是可以看到绝美海景的观景阳台。

小户型的弊端很明显：没有玄关；卫生间太小，无法做干湿分离；卧室放了床之后再放什么家具都显得很局促；厨房不是开放式的；整体空间显得局促狭小。

Tino 喜欢收藏手办，希望有展示手办的地方。Tino 休息时喜欢打游戏，希望有大大的书桌。除此之外，Tino 还喜欢烹饪，也是个美食博主，希望在小小的厨房里也能发挥厨艺做大菜。

我们的解决方案是争取每一寸空间：拆掉卫生间和阳台之间的隔墙，改用磨砂玻璃，可以让卫生间多出 20 cm 的宽度，让干湿分离变为可能；卫生间和客厅之间的墙也拆掉一部分，以磨砂玻璃作为淋浴房和玄关柜之间的隔断；把淋浴房缩进 30 cm，让嵌入式玄关柜变为可能，小户型也能有一个收纳功能强大的玄关鞋柜。

到了软装阶段，业主纠结于客厅位置放沙发还是餐桌。我建议平时很少做饭的上班族还是以放沙发为主，餐桌可以考虑用茶几或折叠桌代替，毕竟在家吃饭的次数有限，下班累了还可以瘫在沙发上休息会儿。

改后的平面布局让 26 m² 的房子有了玄关区、干湿分离卫生间、工作区、休闲区、睡眠区、大容量衣柜、开放式厨房、洗衣与收纳一体的生活阳台。房子的每一寸空间都得到了充分利用，居室显得宽敞舒适。

玄关

卫生间的改造
让玄关柜有了位置

❶ 打开谷仓门看到的卫生间

　　拆掉卫生间和阳台之间的隔墙改用磨砂玻璃，让卫生间多出了 20 cm 的宽度，干湿分离变为可能。卫生间和玄关之间的墙也拆掉一部分，以磨砂玻璃作为淋浴房和玄关柜之间的隔断。

❷ 谷仓门的使用让小空间不再局促

　　正对入户门借用淋浴房的一些空间做了玄关鞋柜，原本没有玄关的户型现在能轻松收纳一人或两人的鞋子。鞋柜旁边黑色的谷仓门是卫生间门，表面是磁性黑板漆。谷仓门对隔声要求不高的空间来说还是很省空间的，颜值也高，但对于多人居住的空间就不推荐在卫生间使用了。

客厅

合理布局，不浪费
每一寸空间

客厅家具位置调整后，空间得到了更好的利用

对于客厅的布局，调换了衣柜和床的位置之后，实现了业主拥有 1.8 m 宽大衣柜和 1.8 m 宽双人大书桌的梦想。对小户型来说，床头柜其实很占空间，如果可以不要床头柜，就不用特意为床头柜留出过道了。床的一侧靠近进门的位置放了沙发，便于平时很少做饭的业主休憩。

厨房

**开放式厨房让空间感
更完整**

❶ **打掉隔墙，空间显得宽敞明亮**

　　原来厨房和客厅之间的墙打掉，做了开放式厨房，厨房墙面
贴了业主心心念念想要的小白砖。

❷ **开放式厨房让空间使用更方便**

　　无论是从冰箱拿取物品，还是用餐，开放式厨房使用起来都
更方便。

卧室

**小空间里一些家具家电
能不用就不用**

❶ 边桌代替床头柜

   沙发是定制的，在靠近床的一侧有个连在沙发上的小边桌，可以代替床头桌使用，随手放手机或者水杯很方便。

❷ 以投影仪代替电视机

   投影仪直接吊装在床上方的天花板上，省出了放电视机的空间。

卫生间

**有品质的卫生间带来
有品质的生活**

不到 3 m² 的卫生间功能齐全

　　小小的卫生间也能做成干湿分离，
淋浴房做了壁龛。

阳台

**阳台虽小，承担一个人的
生活足矣**

2 m² 左右的生活阳台同样具有多
种功能

　　生活阳台安装了洗衣机，还定制了
阳台柜收纳生活用品，这里也是猫咪的
基地。

设计师的装修建议

(1) 谷仓门安装简单，节省空间，风格也比较独特，小户型的厨卫可以使用。

(2) 玻璃茶几会让空间看起来轻盈通透。

(3) 以投影仪取代电视机比较节省墙面空间，更便于规划利用。

(4) 小户型床底收纳也不要放过，可以选择床底带抽屉的床。

(5) 自己喜欢的成品家具如果买不到合适的尺寸，可以发图片找厂家定制，性价比很高。

(6) 床头桌在非常紧凑的小户型里可以舍弃，用其他方式代替。

(7) 暖风机的出风口要尽量避开淋浴区。

(8) 养宠物的家庭可以把阳台留出来作为宠物的活动空间，记得做好安全防护。

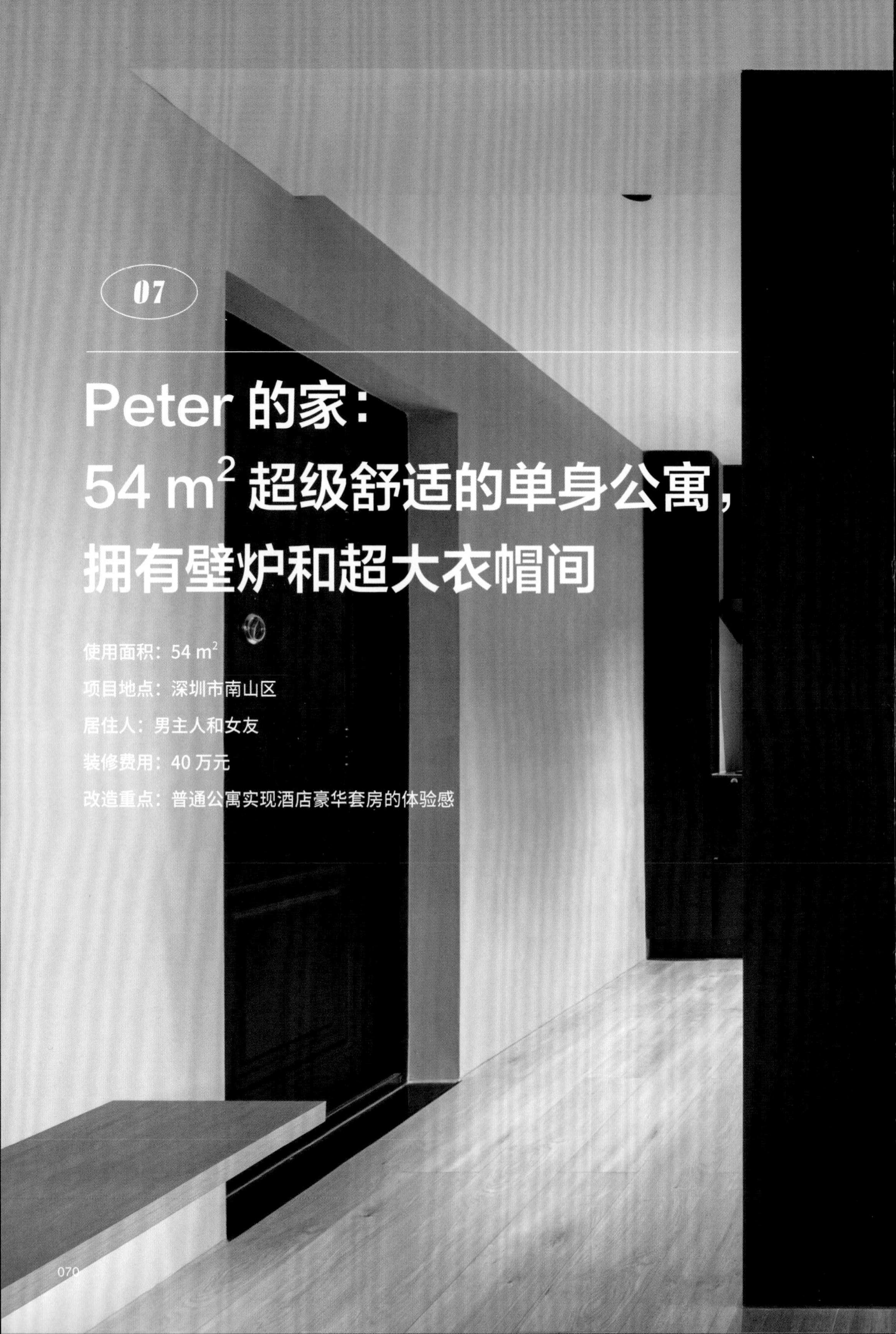

07

Peter 的家：
54 m² 超级舒适的单身公寓，
拥有壁炉和超大衣帽间

使用面积：54 m²

项目地点：深圳市南山区

居住人：男主人和女友

装修费用：40 万元

改造重点：普通公寓实现酒店豪华套房的体验感

从客厅看过来的卫生间外景

　　全屋定制柜简约有序地贴合在墙面上，嵌入式镜柜和烘洗一体机的柜体既省空间又美观。

主卧

次卧

阳台

N

卫生间

餐厅

客厅

厨房

玄关

原始户型图

主卧

阳台

多功能房

卫生间

客厅

餐厅

厨房

玄关

改造后户型图

男主人 Peter 是一家 IT 公司的海外客户经理，拥有"理工男"的逻辑思维，讲究生活的品质与细节，喜欢健身且崇尚无油饮食。Peter 由于工作的原因经常旅居海外，喜欢酒店公寓及咖啡厅的设计与科技感，偏好现代轻奢质感的风格，希望拥有一个完全为其生活习惯而定制的设计。女友是一位艺术学科教师，喜爱收藏艺术小摆件，衣服和饰品较多，需要充足的收纳和展示空间。

这套房子客厅的采光一般，卫生间和卧室太小，满足不了 Peter 对居住环境的要求。我们大刀阔斧地对户型做了改变。让原本普普通通的 54 m² 两室一厅变成豪华酒店式公寓。全屋采用了智能家居系统，可以根据光照强度自动开关灯具和窗帘。

Peter 酷爱黑灰色，厨房和洗手台采用的黑色岩板极具质感，肤感膜的黑色柜体显得很高级。卫生间墙面和地面则选用了深灰色风沙纹的大砖，有着粗糙自然的肌理，防滑效果也很好。装修过程不紧不慢，Peter 愿意花时间慢慢找到满意的材料，愿意为实现更好的效果等待工艺复杂的施工。浴室的条形地漏是定制的，因为市面上能买到的成品地漏比浴室的宽度短了 3 cm，Peter 不能接受这种效果，于是宁愿花两个月的时间等待定制地漏。

装修完成后，Peter 和女友非常满意新家的设计和风格。他们享受到宽敞、舒适和现代化的居住环境，同时也有更多的空间来展示和收纳他们的收藏品和衣服、饰品。他们的生活品质得到了显著提升。每天回到家，Peter 都会在小阳台的吧台上坐一坐，看看城市的夜景，喝上一杯威士忌。

原户型是中规中矩的两室一厅，卫生间和厨房都很狭窄。改造后的平面布局打通了厨房，形成客厅、餐厅与厨房一体化的动线设计。两个卧室受承重墙和面积的局限，被改造成一个大主卧套房、一个多功能房。扩大了厨房与卫生间的空间，也拥有了比较舒适的户外阳台。全屋设计的定制柜贴合墙面的同时不会占用太多的空间。

客厅

**客厅墙面充分利用，
处处凸显品质生活**

❶ 客厅的光线运用独具特色

    客厅的条形玻璃窗把自然光引入室内，让室内光线更充沛。黄昏时分用灯光辅助营造高级氛围，有满满的仪式感。壁炉焰火和木地板呈现温润质感，开放格的玻璃层板运用灯带呈现独特的层次美感，勾勒出家的专属轮廓。

❶

❷ 业主精选的摆件

开放格上的白色雕塑是设计师选的，旁边的是男主人在巴塞罗那旅游时购买的建筑大师高迪的同款建筑摆件。

❸ 客厅配色匠心独运

空间色调是黑白灰色系，沙发背景墙选用灰色水泥漆，形成不同的墙面肌理效果，米白色沙发与蓝色、红色元素的点缀让客厅更有层次感。

❹❺ 利落的线条、简洁的配色与全屋呼应

　　主卧门、餐边柜与折叠门、条形玻璃窗在同一高度的设计，让空间更显简洁利落。餐边柜开放格里可以放下咖啡机和几瓶 Peter 常喝的威士忌，红色的点缀与全屋颜色呼应，底部放了烘洗一体机。

餐厅

客厅、餐厅一体让空间
不再局促

❶ 灯具营造浪漫氛围

　　餐厅艺术吊灯低垂到 1.4 m 的高度，营造浪漫的氛围，给人仿佛置身于高级餐厅就餐的感觉。

❷ 家具凸显生活品质

　　餐厅面积不大，但优雅舒适。餐桌选择深胡桃木材质，搭配皮质的餐椅，稳重低调。

厨房

**黑色调的厨房
独具个性**

定制化的柜子让空间得到更好
的利用

　　厨房以黑色调为主，吸油烟机、
冰箱都嵌入定制柜，呈现简约有序的高
级感。

多功能房

**异型空间中墙面的
巧妙利用**

原阳台改成多功能房，墙面做了斜
切处理

　　餐边柜后方的空间在多功能房这一
侧设计了一个临时挂衣的小空间，嵌入
了灯带。

主卧

**原主卧与次卧合并，
卧室有了收纳区与办公区**

❶❷ 灯光和配色彰显高级感

墙面采用木饰面拼灰色水泥漆，柔和灰调与原木色之间产生互动。天花板隐藏了灯带，加上台灯和吊灯这些点光源，灯光层次十分丰富。无主灯的灯光氛围更让人放松，营造出浪漫的睡眠空间。

❸ 飘窗的巧妙利用

长 2.2 m 的超大飘窗与书桌衔接设计，增加桌面面积的同时也不会占用太多过道空间。打开窗便能看到前海自贸区全景。L 形的磨砂玻璃门衣柜高级感满满，旁边还有一列开放格，摆放业主喜爱的物件。

阳台

**原次卧阳台设计为
观景吧台**

❶ 从门口望过去的阳台

　　有一处可以远眺的阳台，让人心情舒畅。

❷ 阳台视野良好

　　推拉门打破与户外阳台的隔阂，细腿的吧台
凳看起来十分轻盈。喝一杯咖啡眺望远处的风景，
可卸下一天的疲劳。

卫生间

长 1.3 m 的洗手台让室内
有了豪华酒店的质感

洗手台设置在卫生间外，方便使用

从餐桌看往洗手台其是开放式的空间，嵌入式的镜柜让整体看起来更简洁。长 1.3 m 的洗手台采用黑色岩板，开阔的岩板洗手台和镜柜能够满足两人日常洗漱及女主人梳妆的需求。

设计师的装修建议

（1）极简风格中门做到顶看起来更简洁高级。

（2）室内门窗保持统一高度，视觉上会比较和谐。

（3）壁炉是增加氛围感的利器，冬季不冷的南方可以考虑使用电子雾化壁炉，天气干燥的时候可以当加湿器使用。

（4）细线条家具让空间更显轻盈优雅，茶几、壁灯都可以选择细线条家具。

（5）深色玻璃层板加灯带比普通的木质层板看起来更高级、通透。

（6）深色系记得用局部暖色点缀，看起来就没那么压抑了。

（7）餐厅氛围感的营造秘诀是把餐桌吊灯装低一点。

（8）玻璃门衣柜选用磨砂玻璃比选用透明玻璃看起来更高级，也不会显得杂乱。

（9）嵌入式厨电是提升厨房格调的不二之选。

秋秋的家：
38 m² 住三代五口人，
半开放式厨房解决油烟问题

使用面积：38 m²

项目地点：深圳市南山区

居住人：夫妻二人和公婆及 3 岁的儿子

装修费用：20 万元

改造重点：动静分区，提升一家五口人的居住体验

灰色和原木色的搭配让空间显得干净优雅

客厅保留了电视机供老人使用。冰箱放在了墙角，小户型要注意选择体积小、容量大的冰箱。壁灯代替吊灯丰富了空间层次。

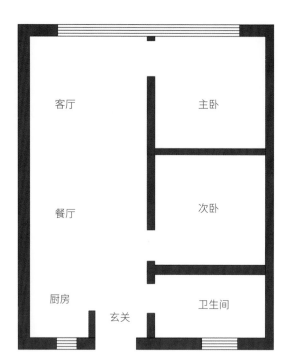

客厅

主卧

餐厅

次卧

厨房

玄关

卫生间

原始户型图

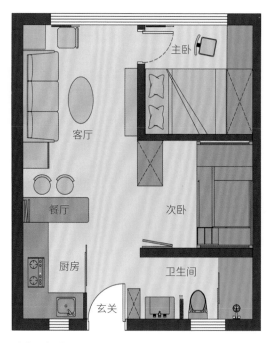

主卧

客厅

次卧

餐厅

厨房

卫生间

玄关

改造后户型图

秋秋和丈夫都是做游戏美术工作的，平日里经常加班到晚上 10 点，为了上下班方便，选择了一处位于市中心、离公司比较近的房子。房子建筑面积 50 m²，使用面积只有 38 m²。他们夫妻上班时，公公婆婆帮他们带小孩。

这个户型没有阳台，也没有赠送面积，因此没有扩展空间。在设计这种多人同住的小户型时，我们考虑最多的是如何在满足功能需求的基础上扩大公共空间，给小孩子更多玩耍的空间。当然，储物空间也是不能忽视的，高效的储物和收纳会节省很多时间。次卧没有对外的窗户，采光较差。

秋秋一家很喜欢吃辣，炒菜油烟很重，所以他们希望厨房是可开合的设计。我们采用了推拉门加推拉窗的组合，这种设计对橱柜和门窗的配合度要求比较高，最好是找同一家供应商定做，否则很容易出问题。

在软装部分尊重秋秋的喜好，选了她心心念念想要的贵妃沙发，可以躺着看电视，还给孩子安设了一个玩具收纳柜。

入住新家后，秋秋反馈说来过的朋友都称赞他们家设计得好，收纳空间也完全够用。每年年末的时候，他们都会进行一次"断舍离"，这样就不用担心家里东西多到摆不下了。

改造前的户型没有玄关，卫生间太小，卧室太窄，放了床就放不下其他家具了。

改造后，卧室的墙体整体往外移了30 cm，主卧能够放下定制衣柜和榻榻米，次卧做了上下铺以方便老人和孩子共同居住。卫生间由于使用的人比较多，特意留得比较宽，尤其是淋浴房，因为小孩子洗澡需要大人帮忙，太窄了不方便。

玄关

干净利落的玄关
开启回家好心情

❶ 鞋柜既是隔断，也是收纳的好工具

　　从进门处看过去，左侧是厨房，右侧是鞋柜，全屋通透明亮。室内推拉门尽量不要做成轨道式，吊轨门是首选，其次是铜条轨道门，可以大大降低清洁难度。

❷ 地面不同的铺装加强了分区意识

　　从客厅看过去，玄关处的鞋柜充当了隔断，节省了空间。卫生间、玄关和厨房区域的地面用了不同材质的装饰材料分区。女主人希望空间材质和色彩尽量丰富。

客厅

次卧衣柜同时是隔墙与画板，茶几桌还能当餐桌，小空间就是主打一物多用

❶ 黑板墙可以让小朋友尽情释放自己的绘画天赋

定制的挂墙式电视柜可以节省宝贵的地面空间，小户型陈设中家具能上墙的尽量上墙。电视机上方定制了置物架和收纳柜。电视柜旁边是刷成墨绿色的黑板墙，它是次卧衣柜的背面，在柜子背面先刷一层石膏板再刷漆，做成了这面黑板墙。黑板墙可以让小孩子天马行空地涂画，对于有小孩的家庭非常推荐。

❷ 客厅兼具餐厅的功能

带贵妃榻的沙发是客户强烈要求安设的，它也是沙发床，还带有储物功能，里面可以收纳折叠凳。客厅没有选用传统的茶几，而是选用了高度约 60 cm 的茶几桌，既能当茶几又能当餐桌。

厨房

**精心设计的厨房，
其空间利用和功能性
都做到了最好**

**❶ 玻璃隔断隔出来的厨房并没有
让空间显得逼仄**

可开放、可封闭的厨房通过两扇
玻璃移门和三扇折叠窗打造而成。格
子装饰的玻璃门可以大大降低撞上玻
璃的风险。

**❷ 面积不大的厨房，功能却
很强大**

集成灶是开放式厨房的不二之
选，吸油烟功力实在强大，非常推荐。
厨房如果油烟问题处理不好，时间久
了很容易脏，而且摆在外面的东西都
会糊上一层油渍。带烘干功能的洗衣
机、微波炉放在了橱柜下面。

**❸ 吧台的设计增强了小户型的
功能性**

这是玻璃门关上的样子，阻挡油
烟但不阻挡光线。吧台是女主人强烈
要求安设的，早上会在这里吃早餐。

主卧

**配色和材质让空间
品质感满满**

主卧空间利用得非常充分

　　主卧选用了榻榻米床，床脚处是衣柜，对工作忙碌的上班族来说，尽量将衣服都挂起来。业主秋秋选了一款站立式梳妆台，来自国内独立设计品牌，容量很大。定制的吊柜和承重柱做齐，化解了承重柱的突兀感。

次卧

**选用上下床、折叠门，人口
多的小户型要尽可能地
争取空间**

❶ 能做收纳的地方都尽量做了收纳

定制的上下床，下床宽 1.5 m，上床宽 1.2 m。床
对面是宽 1.2 m 的衣柜。上下床的设计适合家庭人口
多的小户型。除了梯柜，床下还有带滚轮的大抽屉。
上床的床头留了一盏壁灯，孩子可以自己开关。

❷ 次卧选用折叠门

次卧选用了玻璃折叠门，可以让开放空间大一点。
不睡觉时打开折叠门，给 3 岁的小男孩更多自由活动
的空间。

卫生间

合理规划，让每一寸空间
都得到利用

小空间的卫生间做了三分离

　　卫生间用水磨石地砖和灰绿色墙砖丰富细节，和全屋的色调呼应，也比较耐脏。洗手台区域特意选用了绿色花砖。洗手台和坐便器之间通过折叠门做隔断，这种PVC折叠门非常节省空间。三分离式卫浴设计满足高峰时段需求，对于人口多的家庭非常推荐。

设计师的装修建议

(1) 没有拓展余地的空间，室内打破重组是很有必要的。

(2) 寸土寸金的小户型能用柜子做隔断的尽量不要用墙体，对隔声要求高的空间除外。

(3) 浴室洗手台下方做抽屉的利用率比做普通的对开门高很多。

(4) 有小宝宝的家庭，淋浴空间尽量预留得大一些，方便给孩子洗澡。

(5) 半开放式厨房既能让空间更通透，又能阻隔油烟。

(6) 小户型的家具能上墙的尽量上墙，节省宝贵的地面空间。

(7) 没有地方放餐桌的话，可以用高度 60 cm 左右的茶几代替。

(8) 衣柜尽量多设一些挂衣区，随时取挂可以满足现代人快节奏的生活需求。

09

寻的家：
75 m² 去客厅化的居室中，
给孩子做了一个树屋

使用面积：75 m²

项目地点：深圳市南山区

居住人：夫妻二人和 4 岁的女儿

费用：40 万元

改造重点：卫生间有阳角，不好利用且采光差；厨房切割客厅，不好规划

白色和木色搭配的空间格外温馨

温馨的卧室加上窗外清新的绿色更显空间层次。

N

卫生间

主卧

次卧

阳台

餐厅

客厅

玄关

厨房

原始户型图

卫生间

主卧

阳台

次卧

餐厅

客厅

玄关

厨房

改造后户型图

寻和丈夫都是医生，有洁癖，要求家里好打扫，没有卫生死角。寻喜欢养花、喝咖啡、听音乐，有空的时候会做烘焙。她的先生喜欢喝茶、听音乐、看电影和弹吉他。他们有个4岁的女儿，喜欢跳舞和玩玩具，梦想着有个带滑梯的树屋。夫妻俩希望有个大大的开放式厨房，还想在卫生间安设个浴缸。寻希望保留大大的阳台，方便养植物。

这套房子的卫生间呈L形，采光很差，厨房太小。我们对户型进行了较大的调整，放弃了单独的厨房区，将厨房、客厅和餐厅合并，这样就有了一个功能强大的厨房和一张大餐桌。拆掉了卫生间的L形墙体，改成斜墙，卫生间变得明亮通透很多。

装修完成后去寻家里做客，她说设计的浴缸特别好，女儿每天晚上都要在浴缸里泡澡、玩水。滑梯也是孩子的最爱，每天都要玩儿，早上起床后直接从滑梯上滑下来，不用下楼梯。橱柜长长的操作台除了供日常使用外，还可作为站立式的书桌台面，寻有

时候会在这里练习书法。养护植物对寻来说是最治愈的事情了，浇水、除虫，发现新叶、等待花开，有关植物的每一件小事都是疗愈内心的乐事。

优化改造的主要内容如下：

（1）拆除部分墙体，用定制家具来分隔空间，使得有限的空间实现功能最大化。

（2）将原有的封闭厨房改为开放式，和客厅、餐厅融为一体，整个空间显得十分宽敞。

（3）利用入口处采光较好的优势，划分出一片休闲小憩的区域。

（4）根据主人的需要，对次卧做了比较大的改造，拆除原有的部分墙体，做成一个半敞开空间，用定制家具来满足整个空间的功能需求。

（5）原有的卫生间为"7"字形，空间狭窄且利用率低。将原有次卧与卫生间的隔墙做了造型上的设计。墙体改造后，卫生间的实用性大增，不仅满足了主人对浴缸的需求，还让卫生间实现了干湿分离。

玄关

定制的柜子让室内
有了更多的留白空间

纯白色调彰显素雅的格调

　　进门右侧和对面都定制了顶天立地的玄关柜。落地窗外
绿意盎然，可以在窗边坐着发呆、看书、聊天。

客厅与餐厅

空间简洁利落，
凸显主人气质

❶ 家具和绿植给空间增添活力

　　从玄关看过去，空间简洁、宽敞，嵌入墙体的全白色定制柜近乎隐身，拥有超强的储物功能。做了一整面墙的矮柜，如果只做一段的话，较厚的橱柜会显得突兀且笨重。全是抽屉的矮柜收纳功能强大。

❷ 独特的餐桌椅组合尽显生活的浪漫气息

　　配色干净的空间更容易让人放松，回归生活的本质，鲜花点缀的餐桌打造生活的仪式感。寻细心地给椅子脚都穿上了"袜子"，避免拖动椅子时损坏地面，也减少了噪声。

厨房

**超长操作台给家人
提供协作的空间**

一体式厨房，中西餐都能轻松烹饪

左侧为西厨，右侧为中厨，超长的操
作台面使得一家人协作也毫不拥挤。

主卧

简洁的风格全屋统一

柜体代替墙体，收纳空间大增

主卧的衣柜和客厅的收纳柜代替了墙体，嵌入式的设计让空间更显宽敞。落
地窗外四季常绿的椰子树让人每天都有度假般的好心情。

❶❷ 满足了女孩所有梦想的梦幻城堡，活泼的颜色搭配尽显孩子的烂漫天性

黄绿配色的树屋城堡深受女孩喜爱，孩子每天都要在家里玩滑梯。墙面贴了小女孩喜欢的贴纸，凸显活泼氛围。

儿童房

女儿的梦幻城堡

❸ 儿童房也有功能性设计

儿童房也用衣柜代替了墙体，还贴心设计了小桌椅，方便孩子做手工和写作业。

卫生间

**异型卫生间充分
利用空间**

❶❷ 一体化的微水泥卫生间清爽简洁

    微水泥打造的墙地一体的卫生间，看起来更干净且没有清洁死角。壁挂坐便器上方的镜柜充分地利用了空间，储物功能也很强大。水龙头采用了嵌入式设计，使台面更容易清洁。

阳台

**取消晾晒功能的阳台
凸显了景观性**

阳台空间充满生机

阳台摆放了洗衣机和烘干机，取消了晾晒功能，释放了空间，也获得了更好的采光。寻养的绿植和窗外的景观遥相呼应，整个空间生机盎然。

设计师的装修建议

（1）不要纠结于空间是否方正，有时候不方正的空间反而更好用。

（2）一家人的需求都要照顾到，尊重家庭成员的想法，生活才会和谐。

（3）让小户型显大的秘诀是模糊空间的界限。

（4）无把手、顶天立地嵌入式柜体让空间显得整洁，收纳功能也会变得十分强大。

（5）微水泥墙体一体无缝的设计，适合有洁癖的人群，但要找有经验的施工团队。

（6）若担心椅子拖动时损坏木地板，则可以给椅子脚穿上保护套，这样也能减少家里的噪声。

（7）家中只有一个阳台的话，极力推荐使用洗烘套装，既能释放阳台的空间，也能改善采光。

（8）电热毛巾架是能提升生活幸福感的小物件，预留插座就可以安装。

10

露莹的家：
60 m² 两孩家庭，
收纳空间和空间感通通都有

使用面积：60 m²

项目地点：深圳市南山区

居住人：夫妻二人、婆婆和两个小宝宝

装修费用：28 万元

改造重点：扩大厨房空间，以及在仅有 9 m² 的主卧放下独立梳妆台、书桌和大衣柜

通透宽敞的客厅

原始户型图

改造后户型图

露莹是 ERP 咨询顾问，喜欢居家工作，爱健身，每天在家使用跳舞机减肥。她的先生是 IT 工程师，喜欢宅家玩电脑，爱打篮球。婆婆自从大宝出生后就搬来住在一起，是带小孩的得力助手，喜欢做饭、做蛋糕。他们还有一只叫多多的小狗。由于在深圳的亲戚较多，所以家庭聚餐频繁，最多的时候能有10个人一起用餐。

这套房子厨房较小，放了冰箱之后就放不下别的大物件了。客厅仅借助一间卧室实现间接采光。露莹讨厌叠衣服，希望主卧有大容量衣柜可以把衣服全部挂起来。经常居家办公的她，还希望主卧有独立书桌，独立梳妆台也是必不可少的。主卧中的床是特别定制的，宽 1.8 m，带有 30 cm 厚的床头，厚床头板的设计使得这里可以放下睡前读物、水杯之类的物品，节省出放置床头柜的空间。定制的蓝色软包让孩子不容易碰伤。

为了容纳主卧宽 1.8 m 的大床和大容量衣柜，牺牲了主卧门的部分尺寸，做得比常规门窄一些，只有 70 cm 宽。门套特意做成超窄边的，这样门两侧的柜子和床才能放得下。

露莹一家对装修之后的家很满意，孩子的玩具、书籍和大人的生活用品都能很好地收纳起来。客厅没有笨重的茶几，孩子的活动空间比较大，学龄前的孩子每天都会在地上玩玩具。

原始结构无法满足业主的需求，厨房使用面积过小，放了冰箱之后就没有太多的空间留给操作台了。卫生间的收纳功能很差。原有的主卧设计比较传统，无法实现女主人想要 1.8 m 宽大床、大容量衣柜、独立书桌及梳妆台的梦想。

改造设计中我们做了以下优化：

1. 入户门右侧定制了一体换鞋凳，左侧是集鞋柜、餐边柜、收纳柜于一体的组合柜，把冰箱从厨房挪到了客厅，扩大了厨房的使用面积。

2. 将厨房门的宽度变窄，从而获得更大的电视柜背景墙面。

3. 卫生间在干湿分离的基础上拥有了更多的收纳空间。

4. 将主卧门的位置进行调整，让 1.8 m 宽大床、超大衣柜、书桌和梳妆台都有自己合适的位置。

5. 次卧也做了一整面的柜子，拥有了超大的储物空间。

6. 用边柜将客厅与餐厅区分开来。

玄关与客厅

双面玄关方便实用，定制家具让全屋充满舒适感

❶ 玄关存在的意义不仅仅在于装饰性，还在于有着较强的使用功能

　　一直觉得双面玄关是最好用的，一边是换鞋凳加全身镜，另一边是鞋柜。换鞋凳上方是全身镜和挂钩，兼具功能性，也不会让玄关显得压抑。

❷ 白色和蓝色的搭配清爽宜人

　　全屋除湿区和玄关外都是木地板的设计，对家里的小朋友和狗狗都很友好。蓝色系的配色让人放松。

❸ 借助老人房的落地推拉门为客厅、餐厅引入光线

　　由于客餐厅没有窗户，所以我们将老人房的门换成了一大扇落地推拉门，以便把户外的光线引进来。整个空间用了大量的白色高柜，加上大面积的白墙，增强了视觉上的明亮感。

❹ 软装的搭配起到了烘托室内氛围，丰富空间层次的作用

　　担心挂画被调皮的小孩子碰掉砸伤家人，露莹没有买画框，直接买了画芯，用和纸胶带贴在墙上，其色彩和家具格外和谐。

❺ 有小朋友的家庭，电视机一般都被当作装饰品

　　超大的电视机柜可以让小孩子的玩具、书籍以及各种电器盒子不再外露。大部分柜子都采用按压式开门设计，既显得干净整洁又能防止小朋友被磕碰。

餐厅

空间层次丰富，氛围温馨

❶ **优雅的就餐环境为生活带来一些浪漫和温情**

业主要求玄关区域使用大面积的白色铺装，而餐厅区域使用木地板，所以我们将白色的六边形地砖与木地板混贴，从材质和色彩上将玄关与餐厅进行区分，同时让两个空间过渡更自然。顶天立地的超大储物柜用来放小孩子的大件用品，婴儿车、滑步车等都可以轻松推进储物柜。

❷❸ **白色与原木色餐椅与整体空间十分和谐**

餐桌椅采用原木色与白色的组合，与餐厅区域更好地融合。柔和的灯光让空间氛围更显温馨。

厨房

收纳功能和使用功能都很强大

黑、白、灰色调的厨房整洁干净

　　厨房动线设计合理，洗、切、炒都很顺手，垃圾处理器、净水器、洗碗机、管线机等被安排得井井有条。用吊柜将燃气热水器和燃气表隐藏起来，视觉上显得干净整洁。

主卧

10 m² 左右的房间内实现睡眠、收纳、办公、梳妆多种功能

❶ 低饱和度的色彩在小户型设计中运用颇多

不同饱和度的蓝色组成的背景墙让原本苍白的空间有了立体感，令人仿佛置身于蓝天白云中，营造了舒适的睡眠环境。床是定制的宜家同款，长度改小了 6 cm 并增加了软包，靠背30 cm 宽的台面充当床头桌，侧面还设有放睡前读物的柜子。

❷❸ 主卧角落的办公区域

女主人由于特殊的工作性质，有时候需要居家办公，一张独立的办公桌必不可少。主卧空间有限，无法实现拥有独立衣帽间的需求，但是一整面墙的衣柜也可以让业主尽情地去买衣服了。靠窗的地方设计了梳妆台，方便女主人梳妆。

儿童房

儿童房的收纳空间别具特色

配备上下床是现在小户型家庭的流行趋势，将实用性体现得淋漓尽致

儿童房中设计了上下床，充分地利用了空间。

老人房

收纳功能做到极致，适应老人生活习惯

干净简洁的配色

白色榻榻米和白色到顶的柜子让空间显得格外干净、开阔。

卫生间

卫生间格局没有大的改造，只做了干湿分离

干湿分离的卫生间可以提高居住者的生活效率，特别适合人口较多的家庭

卫生间利用淋浴隔断做了干湿分离，冷静的白色墙面与活泼的水磨石地砖碰撞，给空间增添了趣味性。镜柜和洗脸盆柜增加了卫生间的储物空间，壁挂坐便器减少了卫生死角。

阳台

狭小空间的巧妙利用

根据空间的局限性选择合适的洁具组合

　　阳台是狭窄的长条形，因此特意配备了一款进深 280 mm 的洗手台盆组合。这里顺手洗晒小件衣物非常方便，还可以作为早上卫生间使用紧张时的洗漱空间。

设计师的装修建议

　　（1）有孩子的家庭，电视柜下方要预留一些开放格，方便收纳孩子的玩具。

　　（2）若没有安装床头柜的空间，则可以用较厚的床头板代替床头柜。床头板上可以放书、水杯等，注意不要放超过床头板宽度的物品，容易坠落。

　　（3）可以全部打开的折叠门衣柜更方便拾取衣物。

　　（4）电动升降晾衣架比手动的要实用很多，部分型号还带有烘干功能。

　　（5）阳台洗衣机旁边有条件的话建议安装一个洗手盆，方便需要手洗的衣物洗完直接放入洗衣机甩干。

　　（6）洗手台安装抽拉式水龙头方便洗头，厨房洗菜盆安装抽拉式水龙头方便清洗洗菜盆。

　　（7）无须储水，即热式的管线机比储水式的更方便，但要预埋管线。

11

韵雅的家：
77 m² 两孩家庭扩容术，
30 m² 客厅住出 50 m² 既视感

使用面积：77 m²

项目地点：深圳市光明区

居住人：夫妻二人和公婆及两个宝宝

装修费用：25 万元

改造重点：客厅太窄太压抑，只有一个卫生间，满足不了六口人的使用需求

通透宽敞的客厅

原次卧的墙后退半米左右，客厅变得宽敞明亮。

N

厨房

玄关

餐厅

卫生间

次卧2

客厅

次卧1

阳台

主卧

原始户型图

厨房

玄关

淋浴间

卫生间

餐厅

多功能房

客厅

老人房

阳台

主卧

改造后户型图

韵雅是深圳一所高级中学的化学老师，内心却热爱文艺、喜欢幻想，没那么中规中矩。她的先生常年在外地，也是在高校工作，只有周末和寒暑假回深圳，不喜欢太出格的东西，最大的爱好是陪伴家人。他们有一个两岁多的女儿，正是喜欢蹦蹦跳跳的年纪，喜欢玩躲猫猫，喜欢扔球来回跑，需要一个比较空旷的空间玩耍。韵雅经同事介绍找到我们的时候正怀着二胎。后来公婆过来同住，帮忙照顾两个孩子。他们是闽南人，喜欢喝茶，早上起床后第一件事就是泡茶，晚上喜欢看看电视。

房子是毛坯交房，77 m² 的三室，空间并不大，要想满足一家六口人的居住和收纳需求，需要我们利用好每一寸空间。韵雅对这套房子最大的期待是有两个卫生间，因为六人同住只有一个卫生间难免会出现抢用的情况。但房子的拓展空间有限，我们便把卫生间一分为二，一个带有淋浴花洒和坐便器，另一个则带有坐便器和洗手盆。阳台也有洗手池，早上洗漱的时候可以使用。

原计划客厅做一整面收纳柜和餐桌卡座的设计，但韵雅的先生担心定制柜太多会有污染问题并超出预算费用，于是客厅全部采用了成品实木柜。

装修完成后，韵雅和家人都很满意，尤其是客厅后推的设计让空间宽敞了很多。邻居参观后都很喜欢，说小区很少有这样的设计。韵雅的先生再三对我们表示感谢。

原始户型有很多问题：飘窗太多，厨房有飘窗，次卧也有飘窗；赠送的小房间太小没办法住人；一个卫生间满足不了一家六口的使用需求；客厅比较窄，3 m 的宽幅令人感到压抑。

户型改造后，结合厨房的飘窗建筑结构定制台面，此处可当作洗碗池和操作台。将生活阳台封起来做电器柜，存放各种厨房电器。U 形的厨房操作空间和收纳空间都很大。玄关增设了玄关柜，结合次卧的飘窗定制了有收纳功能的榻榻米。主卧的门洞改了位置，没有了开门空间的浪费，也让客厅变宽了很多。多功能房和客厅之间用大片的玻璃隔断，在视觉上增添了通透感。

玄关

定制玄关柜让空间干净整洁

原木色与白色的经典配色清爽简约。它所带来的舒适感满足了业主对大自然的向往之情

鞋柜下方设置了一层开放格，用来收纳常穿的鞋子。中空位置和下方都安装了感应灯带，晚上回家不用摸黑寻找电灯开关。采用斜拉手处理，显得干净利落，而且可以减少磕碰。

客厅

宽敞的客厅收纳功能和
舒适性都很不错

❶

❶ 墙面无须做过多的造型，靠家具来装饰即可

从餐厅看向客厅，主卧门改了位置之后空间显得非常宽敞。客厅铺了木地板，便于平日里孩子在地上玩耍。室内窗下面的两组矮柜主要收纳孩子的玩具和绘本，业主在使用后反馈收纳功能很强大。

❷ 从客厅看过去的餐厅、厨房和玄关

一整片的大玻璃窗让客厅的延伸感更强，视觉上更显通透。

❸ 温馨的客厅角落

北欧风格的蜗牛休闲椅为客厅增添了趣味性，墙角柜节省空间的同时提升了收纳能力。出于环保的考虑，家具都选用了实木材质。

厨房

飘窗变身功能空间

厨房和阳台飘窗的结合，增强了厨房的功能性

　　U 形动线的厨房功能齐全、收纳空间充足。洗碗池柜是做在飘窗台上面的。阳台飘窗包起来后，增加了厨房的收纳空间，微波炉、电饭煲、炖锅都得到了妥善的摆放。

主卧

地台代替床，防止孩子摔伤

❶ 一体化的设计节约了室内空间

主卧并没有放置传统样式的床，而是定做了 10 cm 高的地台，把床尾的空间也包了进来。这对年纪小的宝宝更加友好，不用担心孩子从床上摔下来受伤，对于晚上要独自带两个宝宝的妈妈来说帮助很大。业主曾对这部分设计纠结了很久，最终还是采纳了我们的建议，实际使用后感觉很便利。

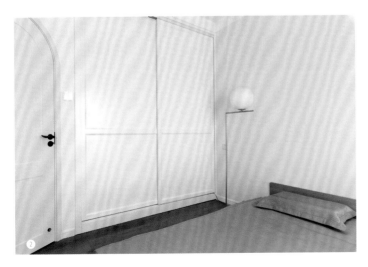

❷ 统一的配色避免空间产生凌乱感

主卧门改了位置后，空间几乎零浪费。主卧设置了大容量推拉门衣柜，以满足日常衣物的收纳需求。

多功能房

利用飘窗台增大
使用面积

结合飘窗造型改造的榻榻米

把原有的飘窗台包了起来，量身定做了带储物功能的床。不仅增添了储物功能，卧室的使用面积也随之变大了。

老人房

嵌入式衣柜节省室内空间

赠送的面积改成了老人房

老人房设计了上下床，方便老人和孩子分开休息。墙面留了安装电视机的位置。利用和多功能房相交的墙面，用衣柜代替半段墙体做隔断，将衣柜嵌到墙体里，避免占用过多的室内空间。

卫生间

卫生间一分为二，满足多人使用需求

卫生间的巧妙利用

　　将原来的卫生间一分为二：一个实现如厕和淋浴的功能；另一个实现如厕和洗漱的功能。六口之家再也不用担心坐便器不够用了。

设计师的装修建议

　　（1）对于人口较多的家庭，鞋柜下方可以多留几层开放格，毕竟打开柜子把鞋子放进去并不符合大多数人的使用习惯。

　　（2）玄关安装感应灯或者灯带，晚上回家后就不用在黑暗中寻找开关了。

　　（3）三角形收纳柜很好地利用了墙角空间。

　　（4）有小宝宝的家庭，床尽量做矮做大，地台床是个不错的选择，可减少摔伤的风险。

　　（5）厨房的飘窗加高做成橱柜会让空间得到更好的利用，有条件的家庭可以做一个电器柜，专门用来收纳各种厨房小家电。

　　（6）将普通大小的卫生间一个变两个，最好是设计成下沉式的卫生间，下水问题更容易解决。

　　（7）柜门不想用反弹器的话可以考虑斜拉手设计，安全方便。

Charlotte 的家：
独居女孩的生活仪式感，
把猫咪和爱好都装下

使用面积：35 m²

项目地点：深圳市福田区

居住人：一人

装修费用：15 万元

改造重点：小户型、暗色系太压抑

原始户型图

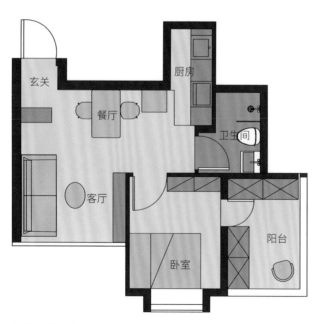

改造后户型图

Charlotte 找到我们，想改造一下新入手的一室一厅，她一个人住，未来想养只猫。初次见面，Charlotte 就打破了我对律师的认知，她不是传统上那种严肃的"律政佳人"，而是喜欢传统服饰、胡桃木家具的温柔女孩。她想把家装修成复古风格。

一室一厅一厨一卫的格局，空间足够一个人住，开发商还赠送了一个超大的观景阳台，从阳台看出去便是郁郁葱葱的山景。装修过程中为了节省预算，没有敲掉客厅的地面，而是直接在上面铺了木地板。卧室没有放衣柜，只放了一个抽屉柜，让空间更宽敞。

衣柜和洗衣机都放在了阳台，这里的大落地窗安装了百叶窗帘。

硬装完成后，Charlotte 淘了很多中古摆件，比如复古铜镜、烛台、花瓶等。搬入新家不久后，Charlotte 从流浪猫救助人那里领养了一只狸花猫，给它取名为"猪小桃"。

Charlotte 对装修后的家很满意，周末经常邀请闺蜜来家中小聚，聊聊天、喝点葡萄酒，十分惬意。家里拍照也很好看，很出片，闺蜜们也很喜欢在 Charlotte 家中拍照。

整个设计过程中，我和 Charlotte 的沟通非常顺畅，她就是一位天使客户。

玄关

利用鞋柜打造玄关区

❶ 打造回家的仪式感

　　黑猫摆件是挂钥匙的，鲜花和香薰分别从视觉和嗅觉上营造家的独特氛围，让人一进门就感到放松。

❷ 小小的玄关反映出主人丰富的内心世界

　　全身镜、挂钩、鞋柜、换鞋凳，构成了玄关的功能组合。黄铜镜上方悬挂了 Charlotte 旅行带回来的捕梦网。

❸ 藤编工艺和墙面颜色让人一进门就感受到了复古氛围

　　进门玄关处的实木藤编门鞋柜用来收纳主人物品，右侧墙上的挂钩方便挂包包和外套。由于空间比较小，没有做常规的通高玄关柜，保留了空间的整体性和客厅的通透感。

客厅

**慵懒但不杂乱的客厅，
充满烟火气的温馨**

❶ 有镜头感的小猫格外可爱

Charlotte 领养的"猪小桃"很上镜，它为这个家增添了活力。沙发旁的阔叶植物橡皮树让空间更有生命力。

❷ 黄绿配色让空间显得温馨慵懒

从玄关看过去的客厅，定制的整面墙的搁板书架包围着电视机，业主的藏书很多，摆满了书架。吊扇灯既有颜值又实用。

❸ 餐椅的藤编工艺和玄关柜门相呼应

从厨房看过去的客厅和餐厅，照片墙上照片的组合非常有技巧：有大有小，方圆组合，人物、风景、静物搭配，尽量让画面看起来有故事感。

餐厅

软装彰显业主品位

处处充满了复古的氛围

　　胡桃木的餐桌和藤编椅子搭配和谐，中古吊灯、蕾丝桌旗、烛台、蓝色花瓶和架子上的摆件等都是 Charlotte 自己淘的，品位极高。

厨房

开放式厨房不大，
一人用足矣

花砖地面很有复古感

　　厨房地面用了一种花砖来分区，黑白色调的花砖搭配直线条、造型复古的柜子，让人仿佛置身于欧洲乡村的厨房。

卧室

鲜花、香薰、红酒，
卧室延续了起居室空间的优雅格调

❶ 对于有阅读习惯的人而言，一盏壁灯是必不可少的标配

　　卧室刷了一面更深、更静谧的蓝色。胡桃木床头板有一定的宽度，可以放睡前读物等物品。可调节方向的壁灯方便夜间阅读。藤编门的床头桌和玄关柜相呼应。

❷ 镜子的映照让空间层次更丰富

复古绿色的斗柜用来存放 charlotte 从各地旅行带回来的香水，它也相当于一个站立式梳妆台。中古化妆镜和挂画让卧室不显单调。

❸ 精致生活从细节处显露出来

床头桌上摆放了 bose 音响和红酒，展现了主人的精致生活。黄铜花瓶里放了薰衣草干花，令人赏心悦目的同时还有促眠的作用。

卫生间

洗手台下放猫砂盆，挂浴帘做简单分区

壁挂式洗手台为猫砂盆的摆放提供便利

　　卫生间铺了花砖，墙面用了两种颜色的条形砖分色。洗手台下面是预留的放猫砂盆的空间。柠檬图案的浴帘和金色镜子让卫生间的色彩丰富且有层次。

设计师的装修建议

（1）一个人住，想要节省装修预算的话，可以减少定制柜，用成品柜代替。

（2）客厅一般对私密性要求不高，建议用麻、纱等透光的材质，好看也节省预算。

（3）若没有位置放餐边柜，则可以用墙面搁板代替，可以简单置物。

（4）养猫的家庭可以在洗手台下面预留位置放猫砂盆，使用可以冲水的猫砂，这样猫粪可以就近倒在坐便器中冲走。

（5）卫生间太小无法做单独的淋浴房的话，可以用浴帘做隔断，地面增加挡水条，挡水效果更好。

第 **2** 章

适合小户型的
风格要素及打造技巧

　　很多人可能因为房子面积小，只能保守地选择现代简约风格或者北
欧风格，而放弃了自己所钟爱的其他风格。其实掌握了不同风格的要素
和打造技巧，小户型也能轻松驾驭不同风格。

　　下面讲解几种我们工作室在小户型设计过程中使用较多的风格，它
们有一个最大的共同点，就是在设计中要尽可能让空间显得开阔。

法式风格一直很受女性业主的欢迎，浪漫的线条、温柔的色彩，让家充满优雅、时尚的格调。

小户型由于空间受限，不建议选择过于复杂的传统法式风格。传统法式厚重的石膏线或者护墙板、浮夸的天花板造型，容易让原本就不宽敞的小户型更显局促和拥挤。而轻法式保留了法式风格材质、色彩上的特点，沿袭了传统法式的优雅与高贵气息，同时又摒弃了传统意义上的奢华——过于复杂的肌理和装饰，简化线条，返璞归真。轻法式透露着几分灵动清新之感，使家变得浪漫、优雅、舒适、自在。

掌握了以下技法，你也能轻松驾驭轻法式风格。

❶❷ 在墙面或天花板局部设计线条

轻法式摒弃了传统法式的繁复奢华，只保留了一些恰到好处的线条，刚柔并济。

❶❷ 柜子门板和门选择有简约线条装饰的款式，别忘了搭配金属拉手

如果说传统法式更强调金碧辉煌的"贵族范儿"，那么轻法式的精髓便在于不拘一格，业主们能自由表达天性和感性。

❸ 局部小花砖拼接木地板能为空间增色

轻法式的地面一般会选用充满自然质感的木地板，鱼骨拼和人字拼尤甚，能使空间更有层次感和艺术感。自然的木地板搭配轻法式装修，给人以温暖随性的感觉。

❶❷ 选择具有法式优雅线条的软装单品，比如壁炉、猫脚浴缸、百叶元素的饰品等

弧线、雕刻、线框是法式风格的灵魂所在。

❸❹ 法式乡村风可以多用藤编、木质元素

法式乡村风中，二手家具或家传的老物件是精髓。

❶❷ 搭配鲜花、装饰画以及香薰，艺术和生活美是法式风格的精髓

书、花和挂画都透露着法式风格中浪漫和热爱生活的一面。

美式复古风

美式复古风是一种通过利用 20 世纪五六十年代的美国文化元素来设计室内空间的风格。这种风格强调舒适和温馨的氛围，同时也具有浓厚的怀旧情怀，营造出一种独特的复古感。有些"80 后"和"90 后"受美剧的影响，对美式复古风情有独钟。

在美式复古风的设计中，硬装上注重色彩的搭配，大胆运用彩色墙面、拼花地板；软装上注重材质的丰富性，丰富的灯具组合、装饰画以及饰品让空间有了灵魂。

❶❷ 墙面可以局部选用深色系来烘托复古质感，地面可采用花砖或者深色木地板

美式复古风在色调上以深色调为主，这种色调显得沉稳，具有厚重的历史积淀感。但是在色调上也不排除华丽的颜色，以使色调在沉稳中有些许跳脱，不至于显得沉闷单调。

❶❷ 家居用品要选用深色系实木家具，以及纹理丰富的地毯、窗帘等布艺产品

根据室内布局选择尺寸合适的家具单品，做旧家具或者古董家具更有复古味道。

❸❹ 抛弃极简主义，墙面要丰富，不要大白墙

墙面通常选用纯色乳胶漆或者壁纸进行装饰。

❶❷ 注重灯具的装饰性，灯具种类可以丰富一些，落地灯、壁灯、吊灯都可以用起来

美式复古风适合搭配水晶灯或铜制的金属灯饰，带来复古大气的沉淀感。

侘寂风

侘寂风是一种源自日本的室内设计风格，也被称为"和风现代主义"。这种风格融合了传统日式和现代设计元素，简洁、现代，又充满日式气息。

侘寂风强调简洁和自然，通常使用自然材料，比如木材、竹子、石头等。色调上常用中性色调，比如灰色和米色等。设计上强调对称和平衡感，使整个空间更加和谐。此外，设计师还会使用一些传统的日式元素，比如纸、木窗等来烘托日本传统文化的氛围，并加入现代风格常用的灯带，让线条更简洁。

在家具饰品方面，尽可能减少装饰，强调实用性。低矮的床、木制榻榻米、无椅背的坐垫、简约的桌椅等，都是侘寂风的常见元素。

❶❷❸ 色调要干净统一，以浅灰色和大地色系为主，不要用饱和度高的颜色，线条干净流畅

侘寂风整体没有太多鲜艳的色彩，没有过于纷繁复杂的线条元素，重点表达出侘寂风本身质朴、自然、静寂的空明感。

❶❷ 少即是多，硬装和软装都应遵循极简的原则

"无一物"是侘寂风的一大重要特点。在侘寂风设计中，屋内的所有家具、装饰都要做到少而精，简洁又富有设计感，这非常考验设计师对整体风格的把控。与极简风格相比，侘寂风更倾向于不完整之物，物体于时间流逝中消耗形体、光泽，形成缺陷，看似破旧，却是美学的最高境界。

❸❹ 避免明度过高的单品，注重饰品的肌理感

在侘寂风中，人们会试图保留材料本身的纹理、质感和形态，甚至瑕疵。

这是一种源自北欧地区（比如丹麦、瑞典、芬兰和挪威）的室内设计风格。这种风格以简约、自然和舒适为主要特征，强调对自然材料的运用，使用淡色调和简单的线条打造出明亮、宜居的室内空间。

在北欧风的室内设计中，通常会使用明亮的白色、米色、灰色等中性色调来增加空间的明亮度和宽敞感。同时，也会使用深色的木质家具和地板来增加空间的温暖感和舒适感。

北欧风的室内设计注重线条的简洁和自然材料的运用。家具通常采用木质、皮质等天然材料，并强调其自然的纹理和色彩。

此外，北欧风的室内设计还注重室内绿化，比如在室内增设盆栽或在窗台上摆放花草，以增加空间的自然感。

❶❷ 大面积白色、原木色、莫兰迪色，构成不会出错的北欧风配色

在整体色彩上，北欧风配色内敛而又沉稳，带来低调的沉静之感，因此常常给人们留下一种冷淡的印象。但北欧风设计会将高明度、高饱和度的色彩藏在细节之处，例如在室内空间里搭配色彩鲜明的地毯、沙发抱枕、装饰画、小摆件等，以此来活跃整体的气氛，避免人们对设计感到乏味。

❶❷ 抱枕、氛围灯、蜡烛，这是打造北欧风的关键

　　北欧风中很少有奢侈、浮华和堆砌的设计，通常是简洁而富有内涵、自然而朴实，给人一种亲切感。

❶❷❸ 巧用绿植装饰空间

北欧风设计崇尚自然，用设计来表达与自然的和谐统一。

❹❺ 多用天然材料，比如亚麻、棉、实木等，多用细腿家具和细线条的玻璃隔断

北欧风在材质的选择上更加多样，不同于现代主义风格常用金属材质，布艺纺织品和木制才是北欧风主要的选择。北欧风设计柔化了冷酷的几何样式，适当运用曲线、圆弧形等元素，让造型多变且富有设计感。

现代简约风

现代简约风是一种以最少的装饰元素和简单的线条设计为主要特征的室内设计风格。这种风格注重空间和布局的简洁，使用中性色调和自然材料来打造现代、简洁、舒适的室内空间。

在现代简约风的室内设计中，通常会使用大面积的白色、灰色、米色等中性色调，以增加空间的明亮度和清洁感。同时，也会使用少量的对比色来增加空间的生气和活力。

现代简约风注重线条，简单而不失优雅，常常使用各种简洁、直线形的家具，比如光洁的金属、玻璃、皮革、木材等，以增加空间的简洁感。此外，现代简约风还注重空间的流动性，通常采用开放式的空间布局，以增加空间的流畅感和自然通风。

相比于其他几种风格，现代简约风在小户型设计里是更容易应用的。

❶❷ 色调明亮，以黑、白、灰色加原木色这几种基础色作为主色调

白色能呈现住宅的最自然纯粹的本质；黑色能展现出现代硬朗与艺术前卫的气质；灰色则起到过渡作用，令色彩搭配更加和谐。利用这三种颜色往往能打造出高级、干练的空间，让人身处舒适、安宁之中。在黑、白、灰色的基础上，再来一些点缀色，就能让住宅焕发充满个性的现代气息。这种经典的配色方式还能让我们在未来只局部更换软装饰品，比如抱枕、地毯、装饰画、摆件等，就能轻松改变家的风格，让家实现百变效果。

❶❷ 适当使用线性灯光，层板、窗帘盒、吊顶边缘可以加强空间的线条感和灯光氛围

简约风更注重线条的流畅感和整体的设计感，看似平平无奇，实际上却别有一番韵味。

❶ 吊平顶和无主灯设计可以为现代简约风加分

　　无主灯设计和现代简约风非常契合。

❷❸ 定制柜体会比成品柜显得更整洁、精致，柜门使用不加明拉手的平板门

　　强调功能性设计，线条简约流畅，色彩对比强烈，这是现代风格家具的特点。大量使用钢化玻璃、不锈钢等材料作为辅材，这也是现代风格家具的常见装饰手法，能给人带来前卫、不受拘束的感觉。

❶❷ 偏轻奢方向的现代风可以选用面料精致的床品、金属质感的单品和富有艺术感的摆件

现代风格注重单品的艺术性,才会显得简约而不单调。光泽感强的丝质床品和靠垫、造型特别的灯具、家具,都可以为现代简约风格加分。

第 **3** 章

有儿童的小户型
设计要点

　　带着孩子住在小户型里，相信这是很多年轻父母无奈的选择，往往
家里还需要老人帮忙照顾孩子。小房子里要住下三代人，这对空间的规
划要求很高，每个人在家里都要有各自独立的空间，还需要给亲子时间
提供尽可能宽敞的活动空间。这就要求客厅满足一家人的活动需求：空
间开阔，尽量减少障碍，并且有强大的收纳能力。卧室则主要满足功能性，
并照顾到低龄孩子的安全。儿童房和卫生间的设计要考虑儿童的身高，
尽可能为孩子提供锻炼自理能力的生活环境。

儿童房设计原则

❶❷ 灵活布局，根据不同年龄段的需求进行调整

低龄儿童的房间不要做一步到位的设计，学龄前，这里主要作为孩子的游戏房。

❸❹ 对儿童友好

衣柜内部挂衣架安两个不同高度的，低矮的方便孩子拿取衣服，高一点的方便家长帮忙整理衣服。对于6岁以上的孩子，要考虑设置独立学习的书桌。要为6岁以上孩子准备收纳自己玩具、书籍的独立空间。

❶❷ 收纳空间

　　为 6 岁以上孩子准备收纳自己玩具、书籍的独立空间。

客厅和卧室的设计原则

❶❷ 客厅要避免使用大且笨重的茶几，要充分考虑孩子玩具的收纳

使用轻巧、方便移动的木质茶几，方便收到一边。客厅不设茶几，需要随手放东西时，用椅子代替茶几。电视柜下方预留了足够的开放式收纳格，方便孩子自己取放玩具。

对于低龄儿童家庭，如果卧室放不下儿童床，就尽可能把床做低一点

两孩家庭，两个孩子都在三岁以下，都和父母同睡，孩子自己很容易爬上低矮的床，即使摔下来也不会受伤。

设计师答疑：装修材料和软装应如何选择？

1. 客厅是用木地板好，还是用瓷砖好？

有幼儿和老人的家庭建议用木地板，减少摔伤隐患，市面上很多性能稳定的木地板可以质保 10 年。如果更注重耐久性，也可以根据设计风格和喜好选择瓷砖，但要注意选择防滑砖。

2. 全屋天花板要不要吊顶？

两种情况下建议全屋吊顶：第一种是考虑无主灯设计的情况；第二种是家中横梁比较多的情况。吊顶虽然牺牲了局部层高，但在视觉上不一定显矮。

3. 流行的微水泥材料到底能不能用在卫生间？

微水泥可以用在卫生间，在做微水泥之前要做好卫生间的防水。微水泥也可以用在厨房，同样要做好防水。可以将微水泥理解成一种性能稳定的防水涂料，可能不耐刮，搬动重物的时候要注意做好保护。

4. 成品柜、定制柜、现场做柜子有什么差别？

成品柜摆放灵活，性价比高，但由于尺寸不能定制、高度不到顶，空间整体性较差。低龄儿童房间的柜子、客餐厅的矮柜、卧室的斗柜可以考虑使用成品柜。

定制柜是大部分户型紧凑家庭的首选，可以节省空间，减少死角，橱柜、浴室柜、衣柜一般都建议定制。客厅和餐厅想要整洁、收纳功能强的话也可以定制柜子。阳台收纳柜可以定制铝合金防水材质的。定制柜要选择环保等级高的板材。五金也很重要，尽量选择面世 5 年以上的品牌及售后服务好的品牌。

近年来选择现场做柜子的人较少，现场制作对木工师傅的手艺要求比较高，木工的工具比较多，在小空间内难以施展，而且制作过程中灰尘很大，普通的公寓还是建议定制家具。如果是大户型或者别墅，可以选择现场制作，但一定要选好板材和好木工师傅。

5. 家用灯具怎么选？

吊灯的种类、款式是所有灯具中最多的，有各种风格和型号，装饰功效强大。吊灯多安装在需要灯具装饰和照明的空间，给空间带来很强的层次感。常见的有餐桌吊灯、客厅吊灯、卧室吊灯等。

吸顶灯通常灯体较薄，贴着天花板安装，灯光相对均匀，多安装在客厅。

壁灯、台灯、落地灯装饰效果好，用于局部照明。壁灯可以安装在卧室、客厅、卫生间洗漱台前，台灯、落地灯在卧室和客厅都可使用。

轨道灯指安装在一个类似轨道上面的灯，可以任意调节照射角度，作用和射灯大体相同，主要用于照射需要强调的物体。

射灯由于灯光暗藏在灯筒内部，所以灯光柔和，不炫目，家装常用。射灯分为明装射灯和嵌入式射灯，两者的区别是前者无须吊顶，但装得多了，走线会很麻烦，有时也需吊顶；后者则必须吊顶。

灯带是一种柔性带状 LED 灯，也叫灯条，寿命长、热度低、节能。用在需要灯光柔和、营造氛围的空间。常见的有柜内灯带、台阶灯带、窗帘盒灯带、吊顶灯带等。

家庭常用灯具色温为 3000 K、3500 K、4000 K。

3000 K：通常用在需要局部照明且想要营造放松环境的空间，比如客厅、餐厅。

3500 K：即大家经常说的中性光，通常用在家中需要明亮、整洁又不至于太冰冷的空间。

4000 K：通常用在需要显得明亮、干净，灯光下的物体和肉眼看到的色差小的场合，比如厨房、衣帽间等。

6. 无主灯设计和有主灯设计该怎么选？

主要看设计风格和预算。如果是复古、美式、法式风格，主灯的装饰作用比较强，那么建议做有主灯设计加射灯辅助照明。如果选择了简约风格，追求空间和视觉上的极简，并对灯光氛围要求很高，那么建议选择无主灯设计。无主灯设计一般建议全屋吊顶，而且对装修预算要求比较高。

7. 艺术涂料和普通乳胶漆的差别是什么？

艺术涂料和普通乳胶漆除材质上的差别外，上墙效果的差异主要体现在肌理感上。艺术涂料有各种纹理和质感可以选择，对师傅的涂刷方法也有要求，一般艺术涂料是由专门的师傅施工的。有些艺术涂料还具有防水性能。

8. 瓷砖是做美缝好，还是做填缝好？

只要贴了瓷砖就无法避开美缝和填缝的问题，那么瓷砖缝隙用什么材料好呢？美缝剂一般光泽度更高，适合亮光的瓷砖。填缝剂是亚光的，适合亚光瓷砖，另外小尺寸瓷砖更适合使用填缝剂。现在市面上比较流行的填缝剂是环氧彩砂材质，可以调色。

9. 如何选购瓷砖?

要根据装修风格来选瓷砖。如果是现代风、轻奢风之类的风格,一般多用亮光的瓷砖。但现在亚光瓷砖更受设计师的青睐,亚光瓷砖更防滑,对老人、小孩比较友好,亚光少了反光带来的视觉干扰,更耐看,更容易让人放松。复古风格、美式风格等可以考虑用小砖,比如10 cm×30 cm的条形砖拼贴,风格会更强烈。

瓷砖的尺寸也要根据所用的区域来选择。比如卫生间地面为了更好做坡度,一般不建议铺太大的砖,30 cm×60 cm、30 cm×30 cm比较常见。如果卫生间面积比较大(6 m²以上),60 cm×60 cm也可以。墙面砖根据风格选用,现代简约风格多用大砖(60 cm×120 cm),以减少缝隙,复古美式风格则多用小砖(10 cm×30 cm的条形砖或更小的规格)。

10. 如何选购木地板?

木地板分为实木地板和非实木地板。如果追求实木地板的天然纹理和质感,预算充足,可以考虑实木地板(北方要安地暖的,最好问一下经销商哪种木材适合,南方回南天严重的地区需注意回南天的地板护理)。实木地板需要打龙骨,龙骨最好也选择实木的。

非实木地板目前主要分为多层和复合两大类。多层里面3层是比较好的,还有5层甚至更多层的。多层地板也有类似实木的质感,且处理后比实木性能更稳定,相对好打理。复合地板在价格上比较有优势,预算吃紧的家庭可以考虑。

11. 如何选购窗帘?

选对窗帘可以为家里的软装提分不少。如果是现代简约风格,追求简洁、精致、利落,建议提前做好窗帘盒,轨道暗藏,窗帘找线下供应商上门量尺,安装前做好定型。如果是偏美式复古风或者时尚风,建议不要选面料太厚重的窗帘,天然亚麻、棉布或者棉纱都是很好的选择;不要做窗帘盒,罗马杆搭配天然面料就很好看,不用特意做定型,长度稍长一点,垂地也很好看。

12. 开放式厨房适合中国家庭吗?

对于小户型来说,开放式厨房是很好的选择,可以避免把原本就小的空间分隔得更小。开放式厨房会让空间看起来更开阔、通透。如果担心油烟问题,现在市面上有很多吸力强大的吸油烟机,集成灶和侧吸式吸油烟机效果都不错。如果实在接受不了开放式厨房,可以考虑半开放式厨房,用玻璃门和玻璃窗做隔断。